SCHOOL OF DESIGN

MASAYOSHI KODAIRA NAOMI HIRABAYASHI MANABU MIZUNO EIJI YAMADA

GRAPHIC

设计这件事 设计大师的 108个设计秘诀

「スクール オブ グラフィックデザイン」

（日）古平正义 平林奈绪美 水野学 山田英二 著 / 刘炯浩 译

電子工業出版社
Publishing House of Electronics Industry
北京·BEIJING

版权贸易合同登记号 图字：01-2017-3554

图书在版编目（CIP）数据

设计这件事：设计大师的108个设计秘诀 / (日) 古平正义等著；刘炯浩译. -- 北京：电子工业出版社,2017.8

书名原文: school of graphic design

ISBN 978-7-121-31896-2

Ⅰ.①设… Ⅱ.①古… ②刘… Ⅲ.①设计学 Ⅳ.①TB21

中国版本图书馆CIP数据核字(2017)第133729号

责任编辑：姜　伟
文字编辑：于庆芸
印　　刷：北京利丰雅高长城印刷有限公司
装　　订：北京利丰雅高长城印刷有限公司
出版发行：电子工业出版社
　　　　　北京市海淀区万寿路173信箱　　邮编：100036
开　　本：880×1230　1/32　印张：8　字数：352.8千字
版　　次：2017年8月第1版
印　　次：2017年8月第1次印刷
定　　价：88.00 元

参与本书翻译工作的还有马巍。

凡所购买电子工业出版社图书有缺损问题，请向购买书店调换。若书店售缺，请与本社发行部联系，联系及邮购电话：（010）88254888，88258888。

质量投诉请发邮件至 zlts@phei.com.cn，盗版侵权举报请发邮件至 dbqq@phei.com.cn。

本书咨询联系方式：（010）88254161～88254167 转 1897。

你肯定用得上的108个锦囊妙计

目　录

30
8
15
4
3
26

presentation

LET'S MAKE A NICE FACE!

FRAGILE
HANDLE WITH CARE

HAND

CARTES

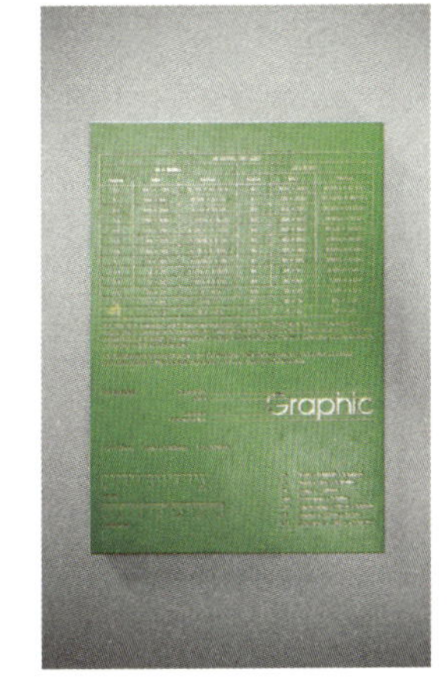
Graphic

SCHOOL OF DESIG

SCHOOL OF DESIGN

MASAYOSHI KODAIRA　NAOMI HIRABAYASHI　MANABU MIZUNO　EIJI YAMADA

GRAPHIC

古：古平正义
平：平林奈绪美
水：水野学
山：山田英二

001 问清要求

谈单的时候要打破沙锅问到底。直到脑中已经有了初步想法。

山：我有的时候会派员工去和客户谈单。然后听他们回来汇报工作。但有时他们会支支吾吾回答不出我的问题。客户的要求，必须往深处问，往根本的地方挖。比方说客户要求效果要酷炫，那就问问为什么想要酷炫的效果，或者客户希望字体大一些，那就要问问为什么想让字体大一些。

古：谈单的时候人们往往泛泛地谈一些大致上的事情，于是就忽略了很多细节上的问题。但偏偏是这些细节上的问题，对于设计来说极为重要。所以必须当时就确认好。

水：经过谈单，你是不是完全捕捉到了对方的需求？比如脑海中能够浮现一个形象，啊，这个人想要这个样子的作品。当然，也可以是那个样子或那个样子的。

平：如果是新客户，在单子谈完之后，你也就大概知道他们是什么行事风格了。如果对方慢慢腾腾，优柔寡断的话，我们就帮他干净利落地了结这次任务。

TIBOR

002 构思发表，疏忽不得

平：我们经常是发表的那一方，没什么机会听别人发表，但我给学生们上课的时候，有时会出一个课题，听听大家的发表，然后就发现，学员们的发表几乎千篇一律。都是封面・概念・目的，很少有人真正思考怎么才能更有效地展示自己的方案。刚刚听到他们的背景介绍我就开始烦了。很多情况下，还不如把背景介绍挪到后面，而是开门见山地讲解自己的设计方案。

古：但这样一来不还是千篇一律嘛，只不过换个形式而已。准备发表的时候，大家考虑到的要素都差不多，自然就大同小异了。

水：可是不时也要翻个花样出来啊，比如有 7 家设计公司竞标的话，搞不好客户要听 7 遍“概念是什么”“目的是什么”。这个时候就可以：“概念，大家都知道了吧？目的，想必我也不用多说了。”像这样跳过去就好了。怎么跳过去，当然要有技巧。这就需要发表者根据客户的表情和反应随机应变，灵活调整。发表者过于严肃，一心想着“我要把该说的都说了！”听众就会比较压抑，难以提起兴趣。

古：在事务所里的一些小型发表会上，我有时候会捧着还不确定的设计方案就上去演讲。

水：什么！你怎么能这样！（笑）

古：所以那些发表就不是很严肃，更像喝茶聊天。不过毕竟我可以保证最终成品的效果和质量，所以也无伤大雅。

发表不是最终目的。（水）

003 好好写企划书

水：为什么这么说呢，因为这份企划书是要提交给客户的，而负责这个项目的人很可能会拿着这份企划书去向大老板请示。所以你的企划书一定要事无巨细，面面俱到。比如我们也讨论了其他方案，但那些方案为什么不行等。或者，假如这是有关印刷工艺的设计方案，你就可以解释说“这种字体是之前法国贵族阶级所使用的铜板雕刻系字体”“之所以选择这种字体，是因为它的字体名称是 Universe，蕴含‘世界’之意”之类的。

平：也不能这么一概而论，还是要视情况而定。之前我第一次和工藤青石先生共事的时候，明明是一份有关室内装潢的设计企划，他却在一张 A4 纸上用 10 号字体写了一个“音”字，就这么交上去了，然后还顺利通过了。当然，我觉得他也有点儿欺负对方不是搞设计的，故弄玄虚。

水：但肯定不是交上去就完了吧？

平：当然不是，口头说明了一下，但也没说太多，寥寥数语。

古：当初参加 Takeo Paper Show 的时候，发表会上不让带设计作品，只允许用企划书来介绍。我没怎么写过企划书，可把我给愁坏了，憋半天也没写出来几行字。这哪儿够啊，最后实在没办法，我就一页一行，打印出来十几页纸，然后按人数复印。等到了发表会的时候，我就一张一张地绕着圈发，一张一张地讲。评委老师们都被我逗乐了，问“你一直都这么发表吗？”虽然说完完全全是第一次，但我还是嘴硬说“有时候也会这样”（笑）。不过说到底，我还是不擅长用语言来描述自己的设计作品。

水：我连“发表会”这个步骤都很讨厌，因为发表的时候，越是大企业，越容易故意挑刺。我就在想：“我们不是一边的吗？大家不都是想把产品卖出去吗？”所以有时我就会特意在企划书里写，“郑重声明，这不是一次单纯的发表，而是一次为了提高销量的战略部署”，这样气氛就会缓和许多（笑）。

presentation

004 问清要求

水：一说到概念，很多人就会理解为“制作理由”。其实不如把它想做“地图”，一张指明目的地的地图，一张全体员工赖以前行的地图。

有一张简明易懂的地图，才不容易迷路。（水）

C
O
N
C
E
P
T

005 灵感从哪里来？

山：从订单上面来（笑）。光是了解一下此次项目的目的、用途、预算等，就能有个八成把握。剩下的两成就要靠设计师自己的想法和特色了。

水：我觉得还是要靠多种知识的融合。毕竟，这个世界上没有多少“原则”是百分之百的原则。知识就是力量。大家总是把“我没什么知识……”挂在嘴边，我一直以为那是谦虚。没想到真的是“没什么知识”。我曾经进行过一次随堂测验，一共出了450个问题，都是有关设计、美术、建筑方面的。我开始还想着，450道题，怎么着也能答出来300道吧。结果得分最高的同学，才答出来了200道左右。连塞尚的作品有哪些都不知道。我当时就说，“你们连这些都不知道，是怎么干设计这行儿的？”然后赶紧把参考答案分发下去，让他们好好看。

平：灵感不会从天而降，要靠自己去想。有很多人，在没有灵感，没有设计方案的情况下，就去想成品应该是什么样子的。一个劲儿地想着成品要美观、要漂亮、就更不容易出灵感了。我一般都是在思考灵感的时候同时考虑实际操作的可能性，及时排除不合要求的灵感，从而锁定最终方案。所以说，首先要找到一个灵感，没问题的话，再去想怎么实现。

古：人们一般都认为“设计等于灵感”。但平面设计妙就妙在它有时候可以反过来：“我没有灵感，但我有一幅非常好看的画。”有两种情况，能让你在发表会上秒杀其他一切方案。一种是，你有一个深思熟虑、精雕细琢的灵感，也就是设计方案；另一种就是，我没有灵感，但我有一幅非常好看的画。

Tullamore dew IRISH COFFEE
HELVETIA
IBERIA
ZÜND HÖLZER
BELGISCH BIER
HOGE GISTING
BROUWERIJ MARTENS
SEZOENS
ANNO 1758
BOCHOLT
BELGIAN BEER
BIRRA BELGA
BIER VOOR LEKKERBEKKEN
BIERE BELGE
NORMAN'S DAIRY
PASTEURIZED COFFEE APPROVED MILK
JEWETT CITY, CONN.
Mosaik

006 草图也是分级别的

粗略草图 → 草图 →精心草图。（水）

水：很多人在谈单的过程中就开始画草图。但这个时候的草图往往是非常粗略的，一般是为了检查有没有漏掉的内容，或有没有其他更好的方案。画草图需要多思考，多查阅，因此对正式的设计过程也同样有帮助。而且，一个设计方案好不好，可不可行，在草图中一目了然。好的草图会为你照亮前行的路。

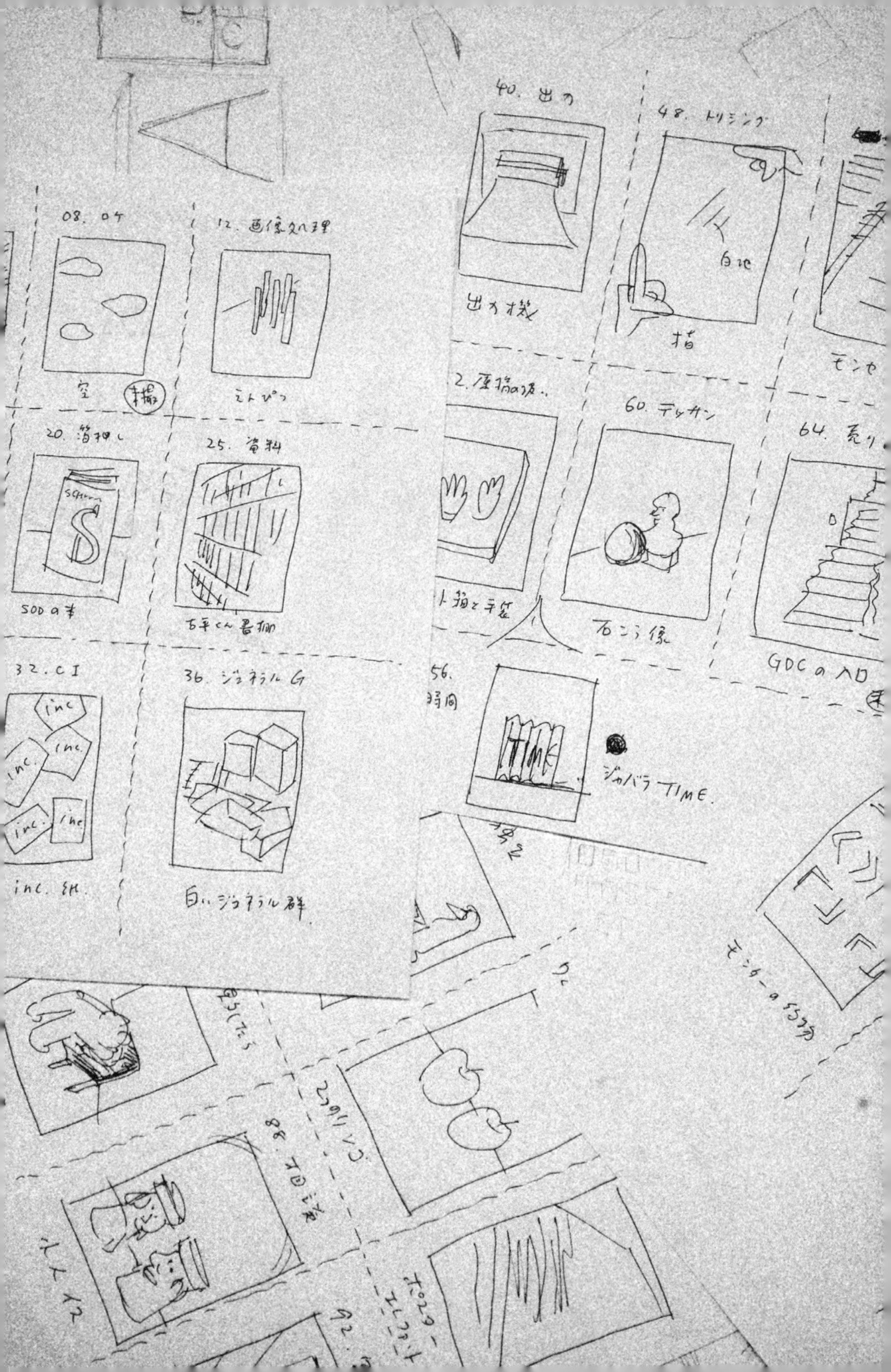

08. 空
空
12. 画像処理
20. 箔押し
500の本
25. 資料
32. CI
inc.
36. ジェネラルG
白いジェネラル群
40. 出力
出力機
48. トリミング
指
60. デッサン
石こう像
64.
GDCの入口
56.
時間
TIME
ジャバラTIME.

007 做出选择

用感性选，
就用理性去证明。
用理性选，
就用感性去判断。 （水）

山： 与其多产，不如会选。再努力做出来的成品，也要有勇气潇洒地扔掉。

平： 不管你有多喜欢这个作品，只要它们和这次的要求有出入，哪怕只是微小的偏差，你也要干净利落地从头再来，别恋恋不舍。从某种意义来说，会扔的人比会做的人更出色。

古： 当你有了一些小经验、小技巧之后就特别容易陷入这个问题。可能设计方案并不怎么出彩，但成品出来之后，你就总觉得它很漂亮，很成功。作为设计师的自己，就这样被作为艺术指导的自己打倒了（笑）。所以为了不在无意义的方案上浪费时间，我一般会在草图和构思阶段就再三掂量，在实际操作前确定好最终方案。

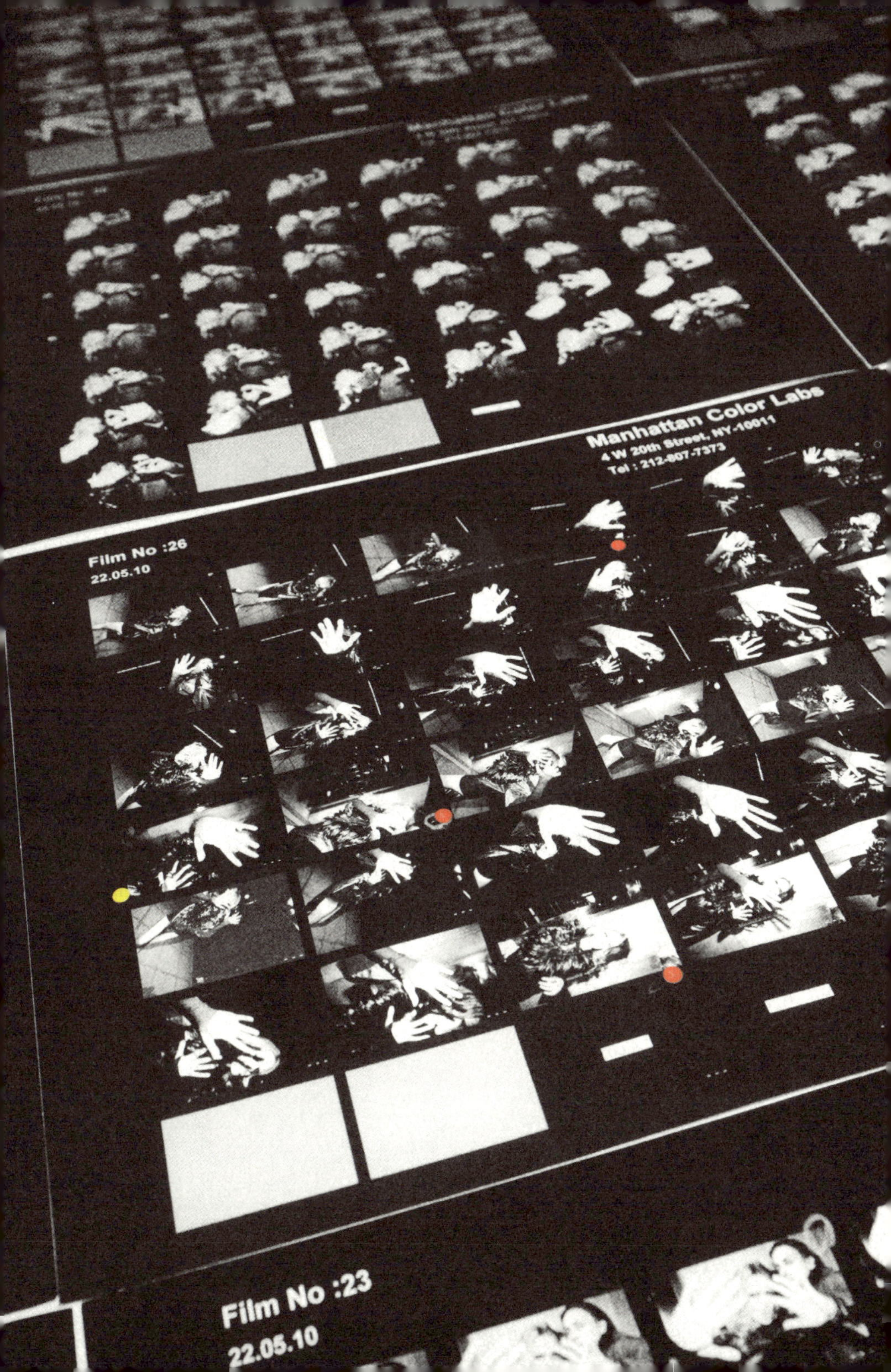

Manhattan Color Labs
4 W 20th Street, NY-10011
Film No :26
22.05.10
Film No :23
22.05.10

008 设计与艺术指导

山: 设计是进行设计的这一行为。艺术指导是指管理艺术设计的一项工作。我个人感觉，艺术指导的范围更广，因为即使不是你的作品，你也要去管理、去规范。

平: 关于这一点，我要特别向在公司里工作的人们说几句：业界有一种说法，只要工作够长，谁都可以成为艺术指导。这是很不可理喻的。艺术指导不是一项职称。它是一项职责。这一点请各位千万不要误会。

古: 设计师对艺术指导言听计从也是不对的。在设计这个领域，设计师说了算。一定要抱有自豪感和自信心。

山: 我参加工作三周年的时候，特别嫌弃自己“平面设计师”的职衔，想早点成为“艺术指导”，但是每每与前辈交换名片的时候，发现大多写着“平面设计师”，心里就想着“哪怕是成为了名家，也依然为自己是一名平面设计师而自豪啊。”所以我现在自我介绍的时候，也会很自然地挂上“平面设计师”的头衔。

水: 我很憧憬那些怀揣自豪的意匠们，但同时，我更想从事品牌工作。不管什么东西我都想给它做成品牌，把名声打出去。在这个过程当中，设计只是其中的一环，其他还有销售策略，公司结构等诸多要素。把这些基础要素都备齐了，备好了，设计就会变得轻松而愉快，自然也就容易出好作品。我也是在看过宫田先生的作品之后才有了现在的想法的。

平: 如果我身边也能有人把这些基础要素都做好的话，我就不用做艺术指导这一行了。就是为了能更好地从事设计，我才接下了艺术指导的工作。

43 STAFFORD ST
COLLECTIONS
AM
PM
1 8.30
3 4.0
2 11.45
4 5.45 NOT SAT.
4A 7.30 NOT SAT.
SUNDAYS
GOOD FRIDAY &
BANK HOLIDAYS
(NOT BOXING DAY)
5.0 P.M
CHRISTMAS DAY
& BOXING DAY
NO COLLECTION

009 偶尔写写广告词

水： 我一直都觉得广告词简直是设计的点睛之笔，只可惜现在已经不太常见了。我特别喜欢井上嗣也的广告词，那句“没有你，万物黯然”，细腻婉约，不知牵动了多少人的心。所以我有的时候也会在半成品里添一两句广告词（笑）。虽然算不上有模有样，但有时也能让人眼前一亮。

山： 当初这一支广告，就火了半边天。

古： 咱们虽然有不了那么大的声势，但你们会不会偶尔自己写两句广告词？

水： 我有时会写。

山： 我写的广告词，比我设计的作品还要多（笑）。

古： 我最近有时连设计都不做，写个广告词就算完事。和客户那边也是在左说右说，劝他们使用广告词。在我的作品当中，设计和广告词已经融为了一体，不写广告词的话作品就说不上完整。

水： 传单啊表情包啊这些没有专门的广告撰稿员的时候，设计师就很容易直接套用客户那边给的项目介绍。我们公司的孩子们就是这么干的。结果你们猜怎么着，同样的内容，连着出现了三遍。我就问他们：“你们不觉得有哪儿不对劲吗？”结果他们谁都没有意识到。可见广告词的部分，他们连读都没读。

山： 广告词可是决定布局效果的关键。

古： 广告词够漂亮，布局设计自然也不会差。

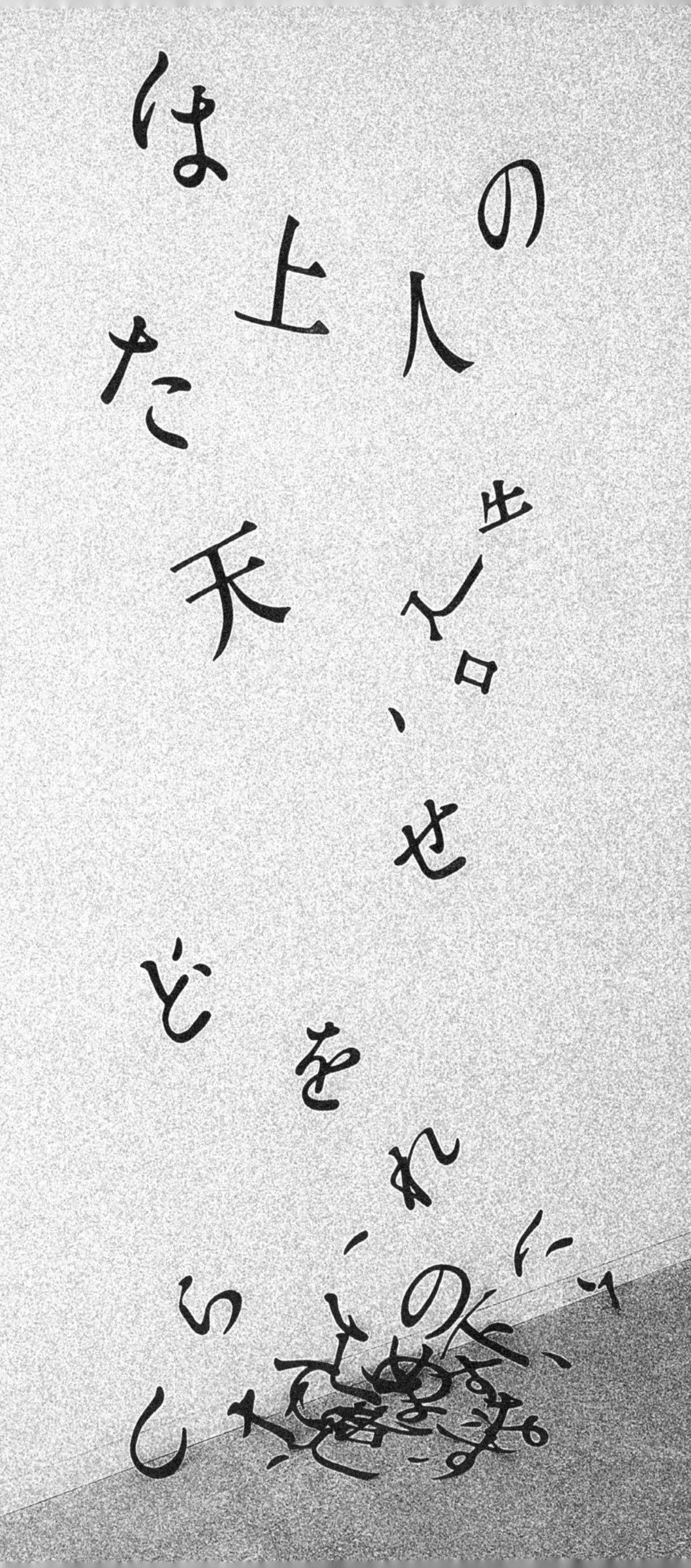

010 摄影常识

摄影常识掌握得越多越好。相机和胶片的种类及特性啦，快门速度啦，焦距啦，冲洗啦，多多益善。这年头，摄影小白的设计师太多了。（水）

P.D. AKRON OHIO
52059
JUNE 24 1963

011 插画师与插画

选插画师的时候，不要看他画过什么，要看他能画什么。（平）

水：一开始安排工作的时候就要把条件和要求讲清楚，省得以后改来改去的。

古：我一直都觉得绘图软件 Illustrator（译者注：美国 Adobe 系统公司开发的绘图软件。被 DTP 和专业设计师广泛应用。）这个名字真是起得不错。不过 Illustrator 和 Illustrator 不一样，绘图软件和插画师要区别对待。（抱歉把插画师们和电脑程序作对比）。

山：设计师最好能事前提供一个插画方案，这样可以节省很多时间。

This summer, DOJIMA RIVER FORUM will host
an unique first-time concert.
The participating artists share an idiosyncratic
outlook on both the world and their own existence,
while at the same time producing some of
the highest quality music in the world.
Tickets are limited to only 500 a night and we hope
you can come and join us in enjoying superb music
on a hot unforgettable summer night.

012 吉祥物的设定

脸上添两个红球球，更能博得孩子们的喜爱。（水）

水： 有个吉祥物也没有什么不好。又不用吃饭喝水，也不会挑三拣四。但有一点要注意一下——吉祥物的风格要符合企业和产品的风格。

山： 吉祥物不等于面向儿童，拥有可爱的外形也不一定就会为大家所喜爱。人见人爱的吉祥物，可以说是可遇而不可求的。但一旦遇到了，它就会成为一代人永不磨灭的记忆。做企划时可以试着悄悄地创造一个小吉祥物，看一下什么效果。

013 吃现成的

开动脑筋，就会发现有很多现成的东西都可以拿来用。（古）

古: 很多时候，客户连问都不问，就抛过来一堆素材，说“你就用这个吧”。这种情况下，千万不能因为是一些“现成的”素材就产生排斥心理。

有一次，我接了个 DVD 包装的设计工作，遇到的就是这种情况。而且客户那边给我的照片都是从视频里截下来的，清晰度根本就不够，没办法拿来做平面设计。最终你猜怎么着？我把这些照片都切成一条一条的，作为设计元素加进了方案里。我平时绝对想不到以这种方式来处理照片，完全是为情况所迫，才有了这么大胆的尝试。正因为素材不尽人意，才有了如此独特的设计作品。

RECRUIT MEDIA
COMMUNICATIONS
ADVERTISEMENT
ANNUAL 2008

014 “Sizzle ”的弦外之音

字典上写着，“sizzle”就是“烤肉时肉块滋滋作响的样子”。引申来讲，还可以指“想要某种东西的样子”。（水）

山： 要想让消费者对一件商品产生欲望，不能只靠思想上的诱导，要让消费者切身体会到这件商品的漂亮、美味或是方便。亲身体验非常重要。

平： 我就经常被这种推销策略骗了，而且买了很多东西。

古： JAGDA（日本平面设计师协会）的审查会上，经常会出现“酒吧室内海报”这样的设计作品，就像是在向世界炫耀“我在做设计！”似的，用 B1 那么大的纸，连续做了好几张……反正我是不会去贴着这样海报的酒吧里喝酒的，有这些海报在，酒都变味了。你们有没有这样一种感觉，“Sizzle”其实是“设计”的对立面。

しずる・かん
広告写真等に出てくる【シズル感】
実感があり、それを見る
飲んだりしたい欲求を
と。もともとは広告業界の
告クリエーターたちが使い
―を出す《補足》本来の「シズル
う英語は肉がジュージューと焼け
たり落ちているような状態を表し
見る人の食欲をそそるような状態
として使われている。
広告写真では温かい料理から
スクリームなどの冷たいものか
わせ、ビールジョッキの側面が

015 与摄影师共事

水： 古平老师，您的设计作品经常能够与摄影师的个人风格完美融合在一起。依您之见，设计师应该如何与摄影师共事？

古： 大多数情况下，我从思考设计方案的时候就开始考虑摄影师的人选。就像拍电影的时候会专门为演员量身打造一个剧本一样："我想请阿尔·帕西诺出演，那么我的剧本应该怎么写呢？"而且以前的摄影师大多个性鲜明，风格迥异。所以以摄影师的人选来确定设计方案，是一个不错的选择。

水： 就是说要关注并重视设计师的独特风格，对吧？

古： 不过最近的摄影师们好像没那么棱角分明了，有点不好区分……

水： 现在有很多艺术指导，完全不考虑摄影师的风格问题。他们就觉得，我定好一个方案，谁来拍都一样。

山： 我就属于这种。我一般先想好，自己想要一幅怎样的画面，然后再寻找合适的摄影师。最重要的是，如何向摄影师描绘自己脑中的画面。毕竟那只是脑子里的一个想法，没有实际物体可以参考。

古： 我期待着最后的摄影作品能够超出我的意料。不论大小，给我一个惊喜就好。在我的设计方案上，我希望摄影师能够增添自己的艺术风格，比如震撼人心的压迫感，或是精致严谨的细节处理等。

水： 我两种情况都有，有的时候目标很明确，我想要这样的一个形象，所以我要拜托这个人；有的时候就没什么具体想法，可能只是"我想营造这么一种氛围，泷本先生您觉得呢"。有时也会希望摄影作品能够表现出设计草图上画不出来的效果，这时摄影师的个人要素就会凸显出来。因此，人选上必须慎之又慎。

古： 有些人会觉得，我朋友就是摄影师，我拜托他就好。我不推荐这种做法。一个设计师要想做出好的设计作品，就必须去请能力完全在自己之上的、真正适合拍摄这张照片的摄影师。这样一来，为了能够配得上那个人的实力，自己也会不敢松懈。曾经有一次，我特别想请 Takashi Homma 先生拍摄一组照片，但 Homma 先生别说是我的朋友了，平时连一点交集都没有。

TAKIMOTO MIKIYA PHOTOGRAPH OFFICE

我画出一个方案，就会觉得，这个不值得Homma先生来拍，再画一个，“这个也不行”，就这样冥思苦想，画了改，改了画，最终我自己的能力竟然也获得了很大的提升。

水：那真是获益良多啊！我也有过类似的经历。当时特别想请一位知名的广告撰稿师来写广告词，我就提前把他有的作品都学习了一遍。不然的话，见面时就会显得尴尬。因为你没法具体说自己喜欢对方的哪部作品，双方交谈便完全无法进行下去。所以说，去接触一下高处的人，自己也能够站得更高。

山：我之前和十文字美信先生共事的时候发现，十文字先生自是实力了得，但他周围的工作人员也同样不可小觑，简直是黑泽小队（笑）。

平：10年前，我请上田义啸先生拍摄过一组作品。上田先生是我平日里非常尊敬的一位摄影师，小打小闹的设计作品都不好意思去请。终于有了这样一个机会，我去请上田先生的时候，感觉反倒像是我在接受面试一样。紧张得要命，后背都湿透了。正是因为机会难得，所以我提前做了很多功课，包括怎么向上田先生阐释我的方案、怎么安排进程、怎么推进计划等。我的工作能力在那时候起上了一个新台阶。

古：与摄影师共事，真是受益匪浅。

水：我与摄影师合作的经历不多，所以可能没有你们那么深刻的体会。但我在见到泷本千也的时候，真的是感受到了压倒性的实力。就拿准备工作来说，面谈之前，我们只在电话了聊了不到十分钟，但当我赶到他的事务所的时候，泷本先生已经搭起了小型的场景模型，并陈列出一些与我的要求相近的他自己之前的作品。与泷本先生合作，真的可以学到很多东西。当然，紧张是肯定的。但自己也会被逼着成长起来。从某种意义上来讲，工作也会进行得非常顺利，甚至很轻松。如果有哪些小同志平日里需要寻求外援的话，不如趁年轻去接触一些高水平的人物。我一般在觉得“这个人好厉害”之后，就会暗暗地记在心里，找机会与他合作。

016 面对造型师

我们对时尚一窍不通，所以经常不敢插嘴。但只要自己有想法，就一定要说出来。哪怕被嘲笑老土过时，该说也得说。（古）

古：因为说到底，这是设计师的设计方案，设计师心里有自己的打算，而造型师们却不一定能领会到这一点。

平：时尚、音乐这些领域，我不仅要找有品位的造型师，同时还要求对方有比较深的文化造诣。当然了，工作内容不同，要求高低也不一样。不过这样的人毕竟也少，所以只能经常拜托同一个人。除此之外，心里要像明镜儿似的：只选服装的话就找这个人，服装和道具一起准备的话就去拜托那个人。别总是稀里糊涂一把抓。

山：我从来没有自己找过造型师，都是直接拜托给摄影师负责。因为感觉他们对这块领域更熟悉一点……

别自己轻易选服装。（水）

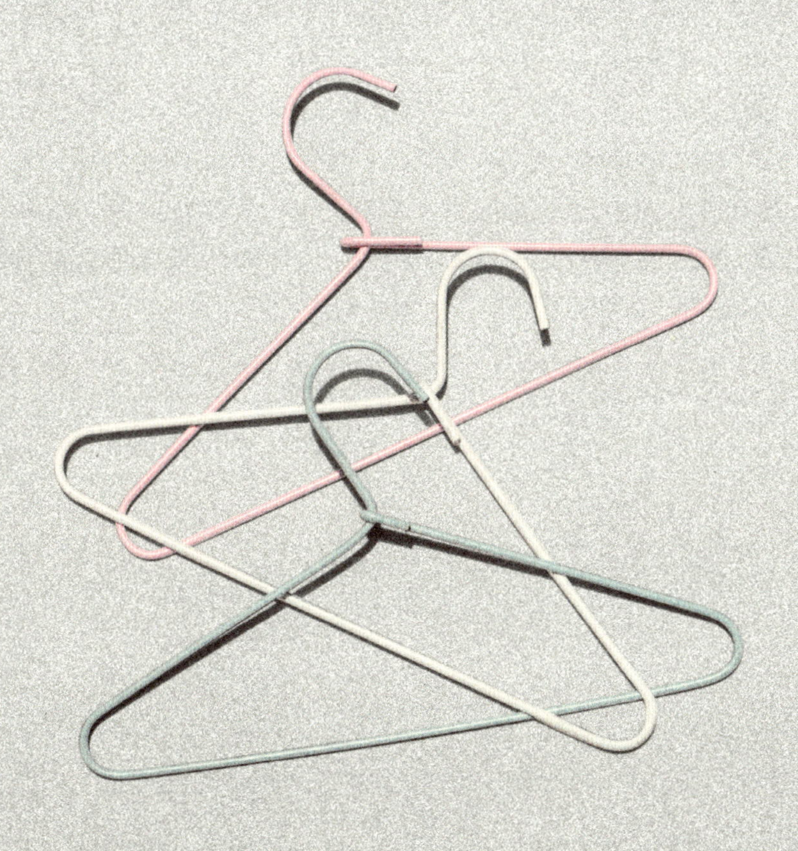

017 小道具·大道具·道具组合

先评估一下花销。（平）

平： 好多人都是到了最后关头才喊：“哎呀，怎么花了这么多！”

山： 商量道具的时候一定要听听摄影师的意见，因为不同的镜头可以拍出不一样的场景规模。有时换个镜头就可以省下不少道具费。

水： 别总是固执己见，多请教请教美术指导，他们有不少好主意。

古： 我经常会请建筑或室内装潢等施工企业来帮忙。因为我觉得，与其“为了拍摄而搭场景”，不如“搭好场景再拍摄”。

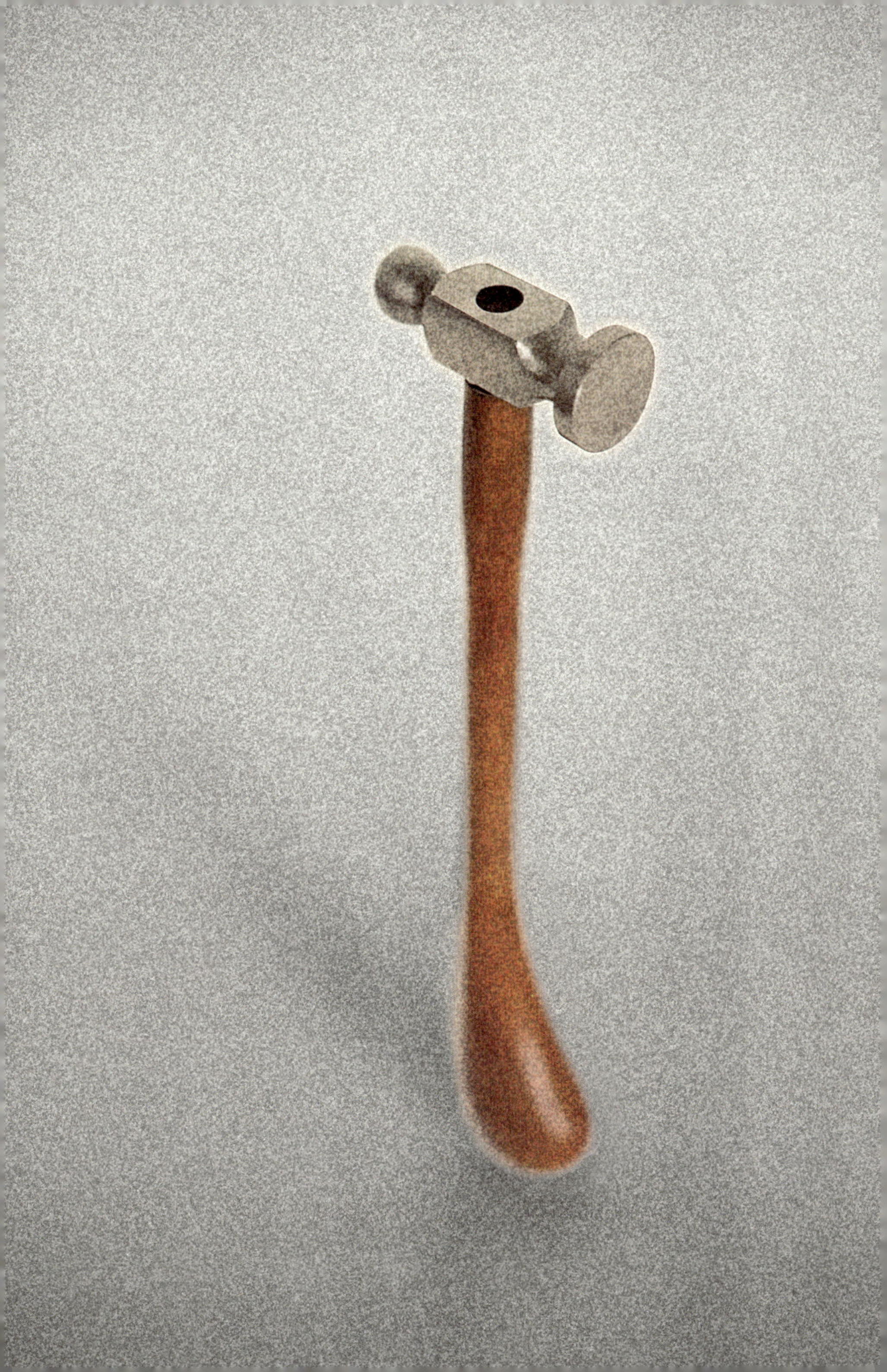

018 采景

别迟到。 （平）

水：尤其是室外拍摄的时候，最重要的就是“光线”，而完美的光线转瞬即逝。

山：在选景的时候与实际拍摄的时候，天气状况不可能完全一样。所以选景之前就要考虑好多种方案。晴天怎么拍，阴天怎么拍，等。

古：正式拍摄的时候，要给自己定下一个大前提：那就是实际作品一定要优于草图上的效果。这是一个挑战。好不容易到了现场，没点儿惊喜的话就太可惜了。这也就意味着，你画草图的时候就要给自己留出超越草图的余地，留出现场发挥的空间。

019 静物拍摄

平：大家在拍静物的时候，会不会遇到这种情况："大体还行，但总觉得缺了点什么，可又不知道到底缺了什么。"这个时候，关机放弃，还是继续拍摄，最终效果有天壤之别。拍模特或演员的时候，当然不能让人家一种姿势摆太久，但静物又不会埋怨"太热了""这么晚了""好困啊"之类的。所以能不能拍出理想中的照片，其实是自己与自己的战斗。或许你会想"好累啊，真想早点回家，拍得差不多就行了，可以靠后期制作再完善一下。"但只要你坚持一次，我保证你会上瘾的。

古：我不太能做到这一点。所以我会极力回避那些太抽象的方案。比如只给个白色背景，请拍的漂亮点儿什么之类的。

水：是的是的，有这种情况。古平老师您这个窍门真不错（笑）。方案还是越具体越好。比方说，如果想拍文具实际使用的场景，就尝试"把这支笔和那边的笔记本放在一起试一下效果"等。说起来，我非常喜欢大贯草也先生的静物作品，他经常与 amanaimages 的一位摄影师——蓑田圭介先生合作。我三十几岁的时候，非常想与蓑田先生共事。虽然也出不起太高的费用，但我还是努力把他请了过来。那次的设计方案我自然是改了又改，精益求精。除此之外还问了很多有关大贯先生的事情。"大贯先生一般会拍多少个镜头？""100 个。""那我就拍 101 个吧。"像这样的对白很多（笑）。虽然这只是给大家举个例子，但亲身尝试之后，真的会有很多新发现。为什么大贯先生要拍 100 个镜头？是因为之后要再次细细筛选，还是因为每次拍摄都会有新的感受和新的思考？总之我尝试了之后学到了很多东西。

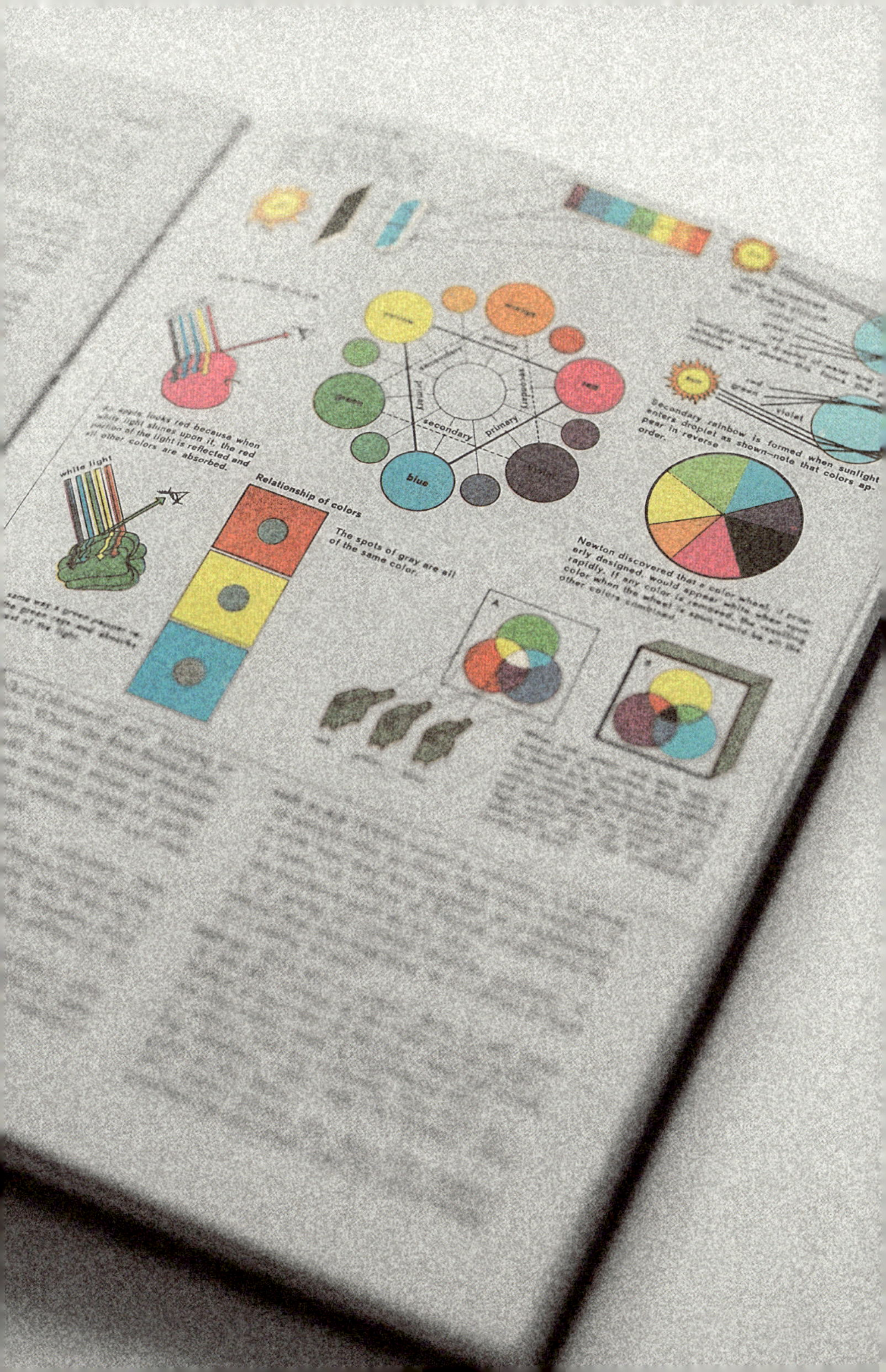
white light
looks red because when
light shines upon it, the red
of the light is reflected and
colors are absorbed.
Relationship of colors
The spots of gray are all
of the same color.
secondary
primary
blue
red
green
violet
Secondary rainbow is formed when sunlight
enters droplet as shown—note that colors ap-
pear in reverse
order.
Newton discovered that a color wheel, if prop-
erly designed, would appear white when
rapidly. If any color is removed, the resulting

020 进入摄影棚

好好想一想，非得到摄影棚去拍吗？（古）

古： 毕竟租一个摄影棚很贵的，而且只能拍你事先决定好的场景，不太可能出现超常发挥或是灵光一现的情况。而你自己选景拍的时候呢，说不定一面脏脏的灰墙也可以拍得很有韵味。

水： 之所以要去摄影棚拍摄，大多是因为对道具和场景的要求比较高，需要搭建或组合等。因此必须提前制订好明确的方案，最好能搭个模型之类的；否则进入摄影棚之后，会有大把的时间浪费在准备工作上。

山： 摄影棚，摄影棚，那里是摄影师的地盘。事务所里的那一套是不适用的，而且你永远无法预料到现场会发生什么。如果没有迅速的决断力，就很容易手忙脚乱。

平： 可以准备一些便宜又好吃的便当。因为食物总能成为大家共同的话题。

021 寻找颜色

要记住，不是只有色卡上面的颜色才叫颜色。（平）

山：我一般会从一开始就决定好，这里要用这个颜色，那里要用那个颜色。偶尔还会故意用一些自己不太常用的或不怎么喜欢的颜色。

水：哎，山田老师您不喜欢哪些颜色？

山：也没有什么固定的颜色，就是看见了觉得不喜欢。不光是颜色，还有一些本来我有点嫌弃的东西，用作设计要素之后渐渐地就喜欢上了。

古：我不怎么信任自己对颜色的感觉，选颜色的时候总是无从下手。所以我在决定一种颜色的时候，一定要找一个意义或者理由，好用来说服自己。但即便这样，很多情况下我都是需要一种颜色，却想不出相应的理由，这时我就会让别人来做决定。比如问问客户，“您觉得哪种颜色比较好？”我很不能理解那些因为颜色而跟客户闹矛盾的人。客户想要什么颜色你就给他用什么颜色嘛！

水：没错。有一次，我在东京中城（Tokyo Midtown）接了一份工作。当时的背景是蓝天白云，客户说希望模特穿绿色的衣服。我就想，绿色会融进背景色里，不够鲜明突出，不如穿粉色的。但转念一想，客户说绿色的，那我就要用绿色拍出最好的作品，颜色是非常重要的设计要素，不是说改就改的。

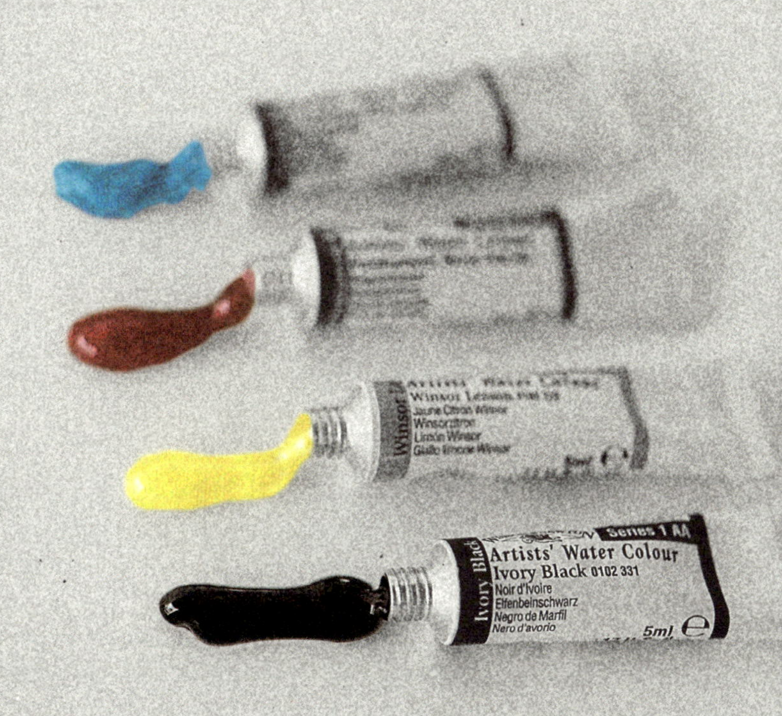
Winsor
Series 1 AA
Artists' Water Colour
Ivory Black 0102 331
Noir d'Ivoire
Elfenbeinschwarz
Negro de Marfil
Nero d'avorio
5ml
Ivory Black

022 那些莫名其妙的形状

是不是经常出现在你的海报里？（水）

水： 总有一些形状怎么看怎么别扭，或者是位置不对劲儿，这样的瑕疵常常会毁掉整幅海报。你们有没有什么好的解决方法？我一般都是托着腮帮子坐在苹果电脑前，一边想着就不能再好看点吗？一边操纵鼠标，然后就会突然“就是这个！”

山： 我自己的确有一些小窍门，但是有个人喜好的问题在。即便说出来可能也很难得到大家的认同……简单说就是，多坚持，多修改最初的设计方案。因为在不断雕琢的过程中，最初的灵感逐步得到润饰，而不再显得那么僵硬突兀。

古： 我已经放弃解决这个问题了。

平： 我也是。

古： 我会尽量回避这些莫名其妙的形状，刻意去寻找一个意义或理由。之前，原美术馆（Hara Museum ARC）的负责人让我设计一个标志，当时已经决定以矶崎新先生设计的建筑物作为主题图案了。画草图的时候，我也没参考相关照片，就直接凭着脑中的模糊记忆大致画了一下，打算之后再修改。结果当我问美术馆的人，“能不能给我一份这座建筑物的正面和图纸的照片”的时候，他们说：“哎，我们觉得你画的这个就挺好的啊……”这也是我第一次认识到，标志上的图案不一定要和实物一模一样。

山： 古平老师举的例子再一次说明，有具体要求的话更容易画出来。如果说“你看着来”的话，就反倒不知道该如何是好了。

古： 没错，而且说到形状，我觉得当初那个时代已经过去了。现在已经很少在设计作品中穿插没什么意义的形状了。

山： 也有这个因素在，毕竟不管在哪个时代，只有自己真心实意画出来的作品，才是好作品。如果只是因为赶时髦或者道听途说就掺和一些元素的话，看上去就像半路抄来的没什么内涵的赝品，很快就会露馅。

023 创作文字

准备一大堆汉字、假名、字母等的素材，通通临摹一通，你就多少明白文字是一个什么样的构造了。（平）

平： 这样一来，在创作新的文字的时候，你就可以轻易把握其中的平衡。比如重心在哪里，这两种文字之间有什么共通之处，等等。

山： 创作文字不是什么难事。能读懂，就成功了。读不懂，就作废。说白了，让人读不懂的，根本就不叫文字。我见过很多失败的作品，都是太过注重设计性，而失去了可读性。设计师在设计文字的时候，要在设计性和可读性之间左右逢源，耐心调和。惯性是一个很可怕的东西。工作时间长了，你会觉得眼前的作品怎么看怎么顺眼。所以偶尔要请一位第三者来检验一下。但是，仅仅这样，还是无法解决可读性的问题，也无法拓宽设计作品的广度。因为文字设计中，包含了地点、颜色、时间、人种等多种因素。举个简单的例子，就拿 Twitter 的 Logo 来说，我就只能看出“ヒ”这个形状。但在英语圈里，它的可读性能达到 100%。再举个例子，“desi ○○”，六个字母中挡住两个，你还是能理解为“design”。因为你是这本设计教科书的读者，你对“设计”的敏感度更高一些。人们都是按照自己的喜好去推测看不见的部分。在设计过程中，如果你的脑子里能始终绷着这根弦，你的作品一定能走得更远。

024 如何选字体

平： 自己头脑中的方案是最为重要的，其他的可以另说。选字体的时候，大脑中要先有一个概念，我想要什么风格的。这个时候你还没办法决定哪种字体，只是顶多想想要用多大字号，单一字体还是组合字体等这些初级性的问题。但渐渐地，你头脑中的形象明晰起来，你就可以在苹果电脑中尝试一些字体。选对了，自然就是它了；不对，就再找其他的。在这个过程中，你会在脑子里多次模拟最终的字体效果。我经常看见有人在 Illustrator 里面输入文本后，就盲目地尝试苹果电脑里的所有字体，犹如大海捞针一样。这种做法，我个人是强烈反对的。

在选择字体的时候，虽说我们很少去考虑这个字体是在什么背景下创造出来的啊，有什么渊源啊之类的，但他的创作时代和起源国家等因素的确会对作品的风格产生很大影响。一下子记住那么多知识有些困难。我一般是浏览很多不同国家不同年代的印刷品，看到喜欢的就复印下来，在大脑中有个印象。大脑中有了存货，再设计的时候就可以很容易地确定方向，让方案更加具体。我个人不怎么使用花里胡哨的字体，一般是对标准字体加以变形或组合。经验多了之后你就会发现，标准字体其实很好用。同样一份文字，换换字体或变变组合方式，就会很有感觉。当你把这些能做的工作都做完了之后，再去请教别人的意见。

82 Jo

83 Joann

84 Joanna M

85 KOLIBREE

86 KOLIBREE B

87 Leamington Bold

88 Leamington Black

89 Leawood Book

90 Leawood Book Italic

91 LOCOMOTIVE

92 Lothario Bold

93 Lothario Ultra Bold

94 Manessa

95 MARK III

96 Mayhem

97 Melior Semibold Condensed

98 Melior Semibold Condensed Outline

99 M.G.B. PATRICIAN

100 MING

101 Missal Text

102 MISSION VIEJO

103 Mixage Medium

104 Mixage Medium Italic

105 ModKabel Thin

Mod Roman Bold

...AN NO.4

...TY SEVEN

128 P

129 PERP

130 Piecut

131 Poppl Antiqua Bo

132 Post Mercato

133 Post Roman Medium

134 Post Roman Extrabold

135 Raggedy Ann

136 Raleigh Light

137 Raleigh Demibold

138 Raleigh Extrabold

139 Ralphprice

140 RATION CAPS

141 Shadow

142 RED CARPET

143 Reiner Black

144 Review

145 Richmond Light

146 Richmond Bo

147 Rooden

Ronsard

025 字符距·行间距

都这个年代了，干嘛还是这么抠抠索索的？（古）

古： 有些东西，都让你怀疑它是不是故意不想让你看清。设计的人到底怎么想的？肯定没有站在读者的立场上考虑过。他自己读没读过都不好说。

平： 可以选一种自己喜欢的字体，试着多换几次字号、字符间距和行间距，练上几十套，总会熟能生巧。虽说做设计这一行，感觉很重要，但只要你经验丰富了，自然也不会太差。与其找别人问一些窍门，不如先把自己能练的都练了。

水： 这个故事我其实不太想讲，大家就当笑话听一听……我就职的第一家公司，告诉我行间距要调成1.6倍。你想，行间距难道不应该视字体而定吗？而且我也没觉得1.6倍好在哪里。但总之，这就是那家公司的规矩，说是1.6倍的行间距最为合适。我觉得把这个规矩放宽一点也没什么不好的，比如说你先调成1.6倍，然后再视情况调松或调紧一点等。我个人的建议是，你在苹果电脑上多设定几种样式，用黑体啊或宋体啊调好两三种样式，这样工作的时候可以直接拿来用，5分钟不到就能调出不错的作品。你还可以多收集一些漂亮好看的作品，扫描下来照猫画虎，模仿它们的字体、行间距等。总结个二三十套，你自然而然就成为大师了。

山： 我之前给学生们上了一堂课，特别有意思。我让他们给自己喜欢的电影设计一幅海报，但只允许使用Helvetica字体。因为我就是想让他们使用同一种字体，通过调整字符间距和行间距来设计出多种多样的作品。虽说到最后并没有发现有拿得上台面的成果，但我想学生们已经明白我的用意了。在把字体换来换去之前，先在字符距和行间距上下功夫。

026 排版

排版的窍门只有一个，那就是多看好作品。（古）

古：要学会多参考，多借鉴。但也只能参考，不能直接抄。所以我也会一边冥思苦想一边哭："如果我是葛西薰就好了……"

水：以前都是照相排版，排版完成后，不管是自己的作品还是前辈的作品都可以像剪贴簿一样保存下来。现在就没法这么干了。所以我就用苹果电脑自己做了 100 个排版方案。之前曾经跟春日高英辉老师一起工作过，所以他的排版作品我也保存着。被人问起的时候，我就会说"恩……日高老师的作品都是箱式排版……这个是 ××。"感觉就像猜字谜一样。

平：要想做出漂亮的排版，就先得知道什么样的排版是漂亮的排版。找一些自己喜欢的作品，一边模仿，一边研究，见得多了慢慢地就懂了。我到现在都还坚持这种练习方式。

山：我恰恰相反，我对漂亮排版没什么兴趣。排版漂亮与否，都无所谓，因为设计不光要看排版。换句话说，排版漂亮，不一定就是好设计。我有时会故意让排版显得乱乱的。单看排版的话，杂乱不堪；再看整体，却另有韵味。当然了，在一幅设计作品里，排版虽然不是决定要素，却也十分重要。

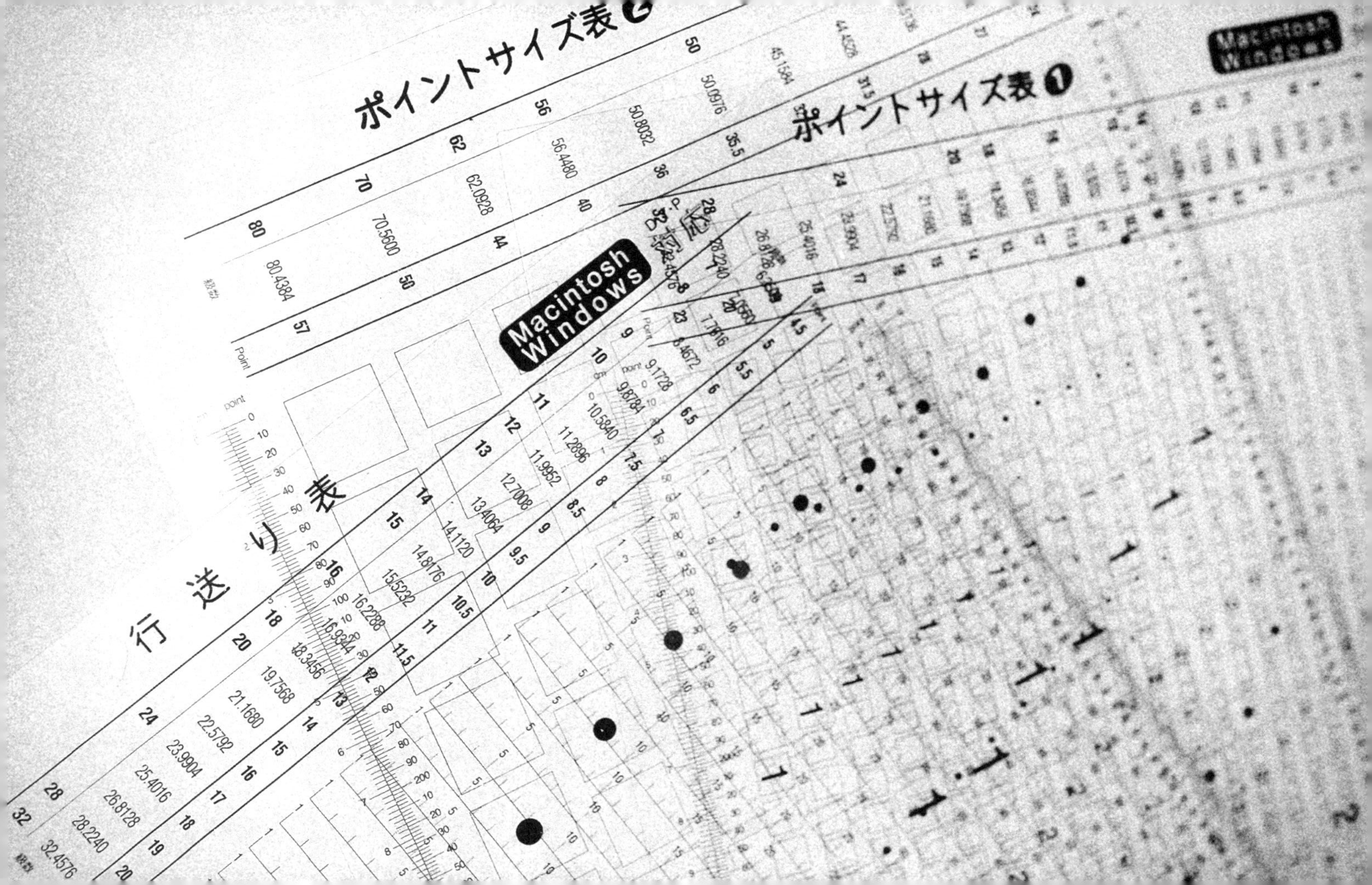

ポイントサイズ表❷
ポイントサイズ表❶
Macintosh
Windows
行送り表
Point

027 标点符号

平：下划线是不是比普通文字的底线要更低一些？我特别受不了这一点，所以哪怕是几千字的文字我也要一个一个改过来。

水：我总觉得钩括弧「 」特别长，一定要把它改短一些。

平：还有单书名号 < > 我不喜欢这么宽的，必须得用 <>。

古：我讨厌单书名号，所以根本就不用它。标点符号的事情，纠结出来就没完没了了。比如还是会出现分号后的空格和斜线是用半角还是用全角的问题等。我以前处理标点符号的时候完全是凭个人喜好。比如表示星期的时候绝对不用（三），一定要用 [三]；还有就是字体加粗的时候，[] 一定不加粗；等等。但近来我开始觉得，这也得看情况。就像（ ）加粗之后很丑，但有时用上也挺合适的。

水：在照相排版的年代里大家应该都是这么干的吧！比如看其中一个字或者一个标点符号不顺眼，就单把它的格式换掉之类的。反正我是设计师，我可以把所有的标点符号都改成我喜欢的样子。

山：拿放大镜好好研究一下年鉴海报的说明部分，可以学到不少有关标点符号的知识。

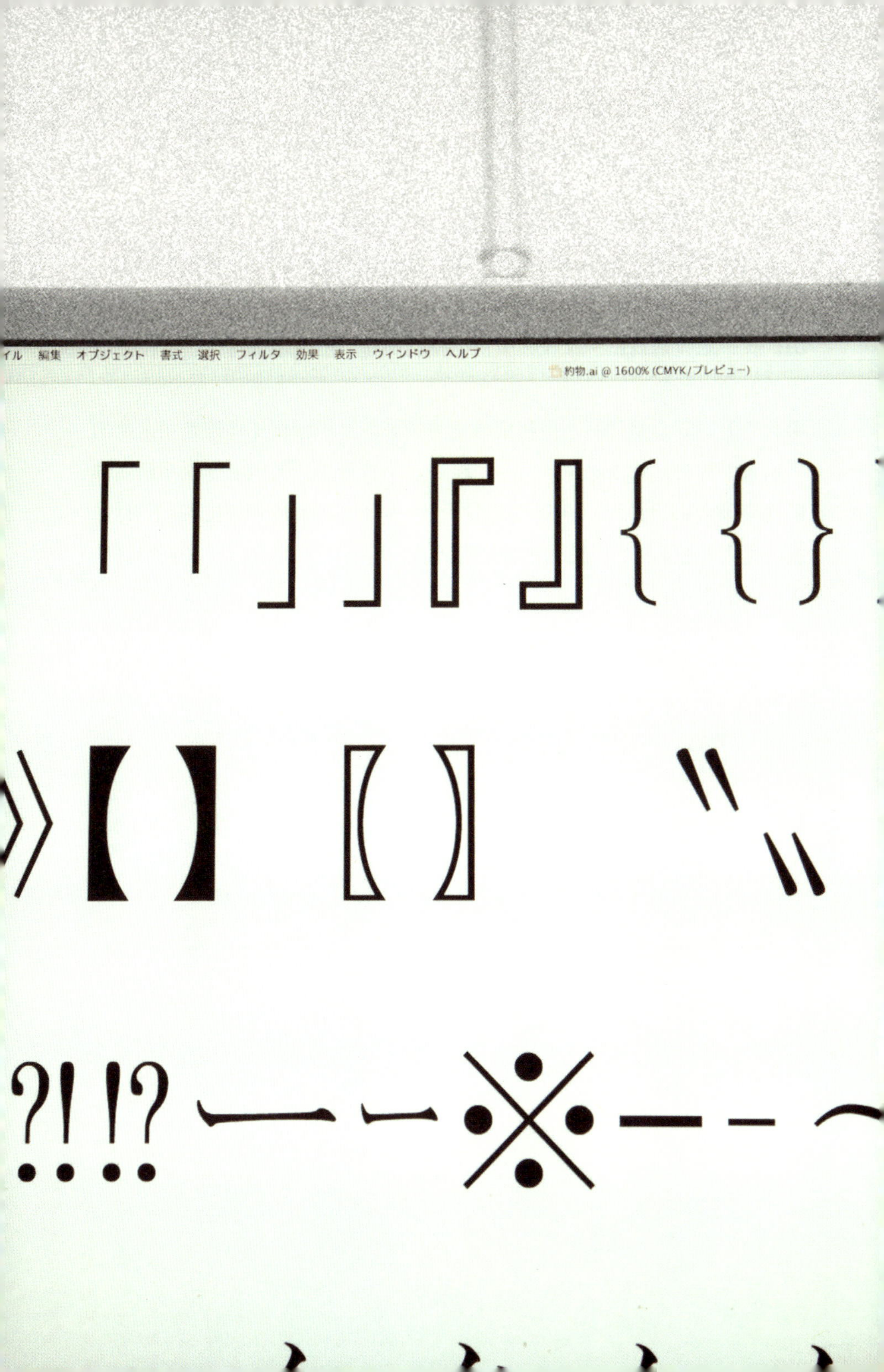

イル　編集　オブジェクト　書式　選択　フィルタ　効果　表示　ウィンドウ　ヘルプ

約物.ai @ 1600% (CMYK/プレビュー)

028 写字

水：用手写字真的很需要下功夫。我有时会尝试上百种方案。好不容易有一个比较顺眼的，就先放到画面上来，接着画剩下的部分。等都完成了，再回过头来接着琢磨字的问题。

山：我一般先把自己想象成某个人，模仿那个人的习惯来写字。所以笔迹千差万别。（笑）

平：之前，我总是拜托一位我很欣赏的插画师，像画画那样帮我画一些文字出来。我自己从来不亲自写字，将来也不打算写。人们总是说平面设计师就应该会画插图，会做剪贴画，会写字，等等。这种思想本身就是不对的。

古：我从来都不写，但我有一项秘密武器，是一个叫 Illustrator I.O. 的软件。（可参照本书封面）

The Elephant Man
directed by David Lynch

029 勤动手

人们常说，手巧的人聪明。手笨的人好像真的容易犯糊涂。（平）

平：当我希望文字边缘更圆滑一点呀，画面质量更粗糙一点呀，其中一部分稍微模糊一点呀的时候，我就会自己动手尝试一些新玩法。比如说把纸揉皱，再铺平，然后打印；或是拿起油墨刷，体验一把手动印刷；甚至自己做个橡皮泥印章等。苹果电脑也不是不行，但手工制作的作品总是更有感觉，效果有时候会超出你的想象。

水：苹果电脑中的作品只能呈现平面的、二次的印象。手工制作就可以打破这一局限。

古：我之前手特别笨，完全是被工作练出来的。这不是技术上的问题，而是眼力的问题。你得能看出来，哪条线是歪的、哪儿需要调整。一个连纸都剪不齐的人怎么能成为设计师呢？

山：最近手工作品越来越少。但正因为如此，手工才越来越重要。

HAND

030 你会画素描吗

逆光的地方就会有阴影。有了阴影，物体就有了质感。有了质感，画面就有了灵魂。（山）

水：素描，锻炼的是人的“观察力”和“客观性”。当然，素描是用铅笔橡皮来“画”实物，但我认为它的本质是“看”事物。比如画苹果树的时候，你就要想到植物一般向光面长得更加肥大，所以肯定某些地方会更加饱满。多观察，就会有更多的收获。能否脱离主观控制，决定了你画得好不好。换句话说，只要你客观地观察事物，还原事物，就能画出好作品。

平：不会画素描也没关系。你只要记住，立体感来源于阴影，就够了。

031 图像修饰

水：找人修图的时候，要尽可能进行详细、严谨的说明。修图好不好，要看草图画得好不好。草图不明确，修图的人也无从下手。

古：图像的最终处理我一般会拜托给照相馆或印刷厂。草图大多数是潦潦草草、东拼西凑，有时还会找张近似的照片，告诉他们“就是这种颜色”“对比度就像这样”等。

平：我一般要么尽量表达清楚，要么就直接做个样本给他们看。

TPS 2008
www.takeo.co.jp
SCHOOL OF DESIGN

032 编辑工作优先

别光顾着设计，要将更多的时间和精力投入到编辑工作上。编辑得漂亮，设计效果自然就提升一个档次。要时刻记着，你做的是“一本书”，而不只是“书的设计”。

（古）

033 文本处理

平：我常常看到一些人在拿到客户或者广告撰稿师给的文本之后，直接就加到海报中去，连想都不想。事实上，拿到文本资料之后一定要先好好读一遍，理解一下什么意思，想一想如何才能让文本及其喻义与海报融合在一起。文本内容不同，效果也不同。有时放在画面中央更起强调作用，有时分散在四个角落更显得和谐。比如客户让你设计一张正式场合的请柬，虽然资料上写的是“（一）”，没准用“星期一”更合适；或者空余的空间比较窄，即使资料上写的是“星期一”，你也只能把它缩略成“（一）”。只要语句通顺且不改变原意，类似括弧的形状等这些要素，你都可以视情况自行调整。有时候送来的文本里数字和英文字母并没有改成半角，一些人看也不看就直接拿来用。我真想摇着他们的肩膀说：“醒醒吧，别糊里糊涂的了！”

Unit Ten

LEFT HAND

RIGHT HAND

SHIFT LOCK

Q W E R T Y U I O P

A S D F G H J K L ;

034 对待原稿

要小心翼翼。（水）

平： 这是肯定的，没什么可说的。

古： 不管什么原稿，你就当它是世界顶级摄影师、或是诺贝尔文学奖获得者的作品。这样你就不会等闲视之了。

山： 不好好对待原稿，就跟毁损程序数据是一样的。可数据还能复原呢。所以说，原稿更为珍贵。

Kodak Professional

Kodak
Official Imaging
Sponsor of the
Olympic Games

035 图片裁剪

这是我最喜欢的工作环节之一。总之，你就放手去做吧！异想天开也没有关系，千万不要从一开始就抹杀了其他的可能性。（山）

平：别被老一套想法束缚。我们做的又不是摄影作品集锦。

水：摄影师给我的照片，我一般是不裁的。因为拍的时候就商量好了尺寸、形状等要求。若修剪，照片的外缘可能就换位置了。

古：裁剪的时候要慎重，不能小看了哪怕 0.1mm。比如你确定好左右宽度只调整上下，单是上下比例的变化就会改变整张照片的格调。所以照片裁剪比插图、文字更要求时间和精力。不过，当我想塑造与原有照片完全不同的风格的时候，也会大刀阔斧地去改。

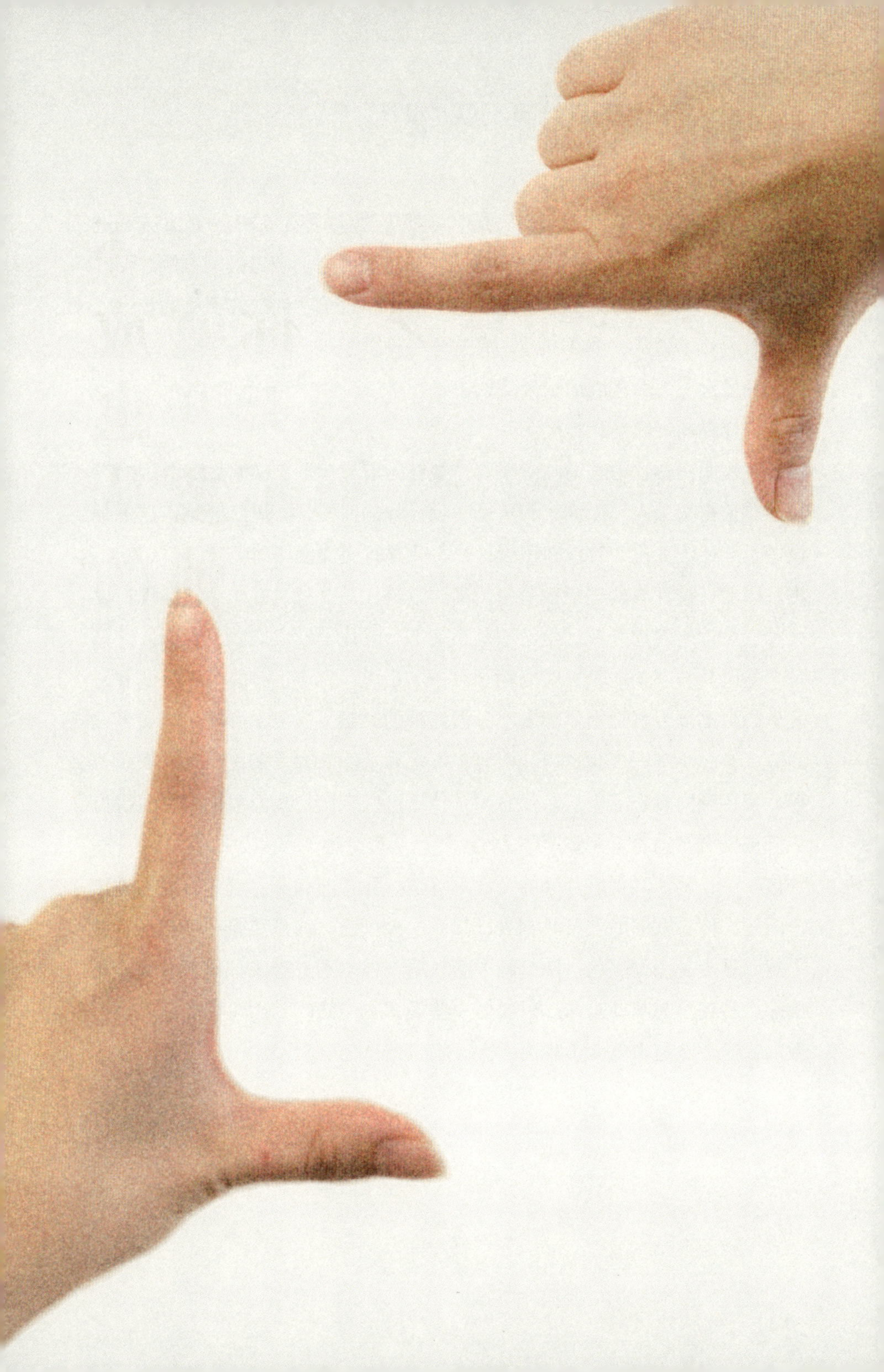

036 版面设计算不算“设计”？

水：我一直都很纳闷，汽车广告干嘛都把文字说明放在最下面？刚进DRAFT的时候，宫田老师就告诉我，“一定要考虑消费者的浏览顺序”。当然也有一些广告方案故意不遵从这一顺序，以求达到出其不意的效果。但不管遵从不遵从，都要知道，有这样一种顺序。

古：我最近不怎么把版面设计当回事了。

水：这样真的好吗？！（笑）

山：我能明白你这种心情。嚷嚷着“我在做设计！”，结果做的是版面设计，总觉得很丢人。当你宣布这是一项设计的时候，心里已经觉得这不是设计了。还不如说“我没在做设计！”，显得更潇洒一些。

古：以前，设计界的规矩很简单。高质量的作品，就是好作品。但现在设计师、设计所遍地开花，早已不是当初那个时代了。说到底，版面设计只是个附属品。举个比较极端的例子，一本小说，肯定不会因为某个地方是故事的高潮部分就把字体加大吧？做海报的时候，我也尽可能不让文字大的大，小的小。因为我觉得，内容，不是靠字体的大小来传递的。

平：我特别同意您的观点。像海报、传单这些东西，我们都想当然地认为应该根据文本内容来调整字体大小、颜色、布局等。但一段文字大小不齐，颜色不一，反而显得脏兮兮的，看不清楚。我之前和葛西薰老师就谈过这个问题。你看欧洲的列车时刻表，只有一种颜色，却显得漂亮整洁，一目了然。日本是四种颜色，像打翻了颜料罐，根本不好辨认。其实没有必要搞那么多花里胡哨的东西，只要做一些最基本的修改，比如将重要内容稍微加粗等，看起来就会美观而大方。

LET'S MAKE A NICE FACE!

037 放大，再放大

专业设计师与业余设计师的区别就在于，前者对细节的关注度是后者的10倍，甚至100倍。（水）

平： 我经常在Illustrator上把图像放大到6400%。并不是看不清，而是我就想再看仔细一些。

古： 我以前也总是把图放到最大然后抠细节。但后来我开始担心，这种物理意义上的精确会不会弱化我作为设计师的感觉和眼力。所以就给自己定下规矩："这张图只许放大到××%"。可又总觉得哪里歪了或者对不齐……结果就又放到最大了（苦笑）。

山： 我们的目标是没有尺度的世界，全凭感觉。

線：
1 pt
50 pt フラット
スタイル：
不透明度：
100
%
ドキュメント設定
314
315
316
317
6400%
1
管理外のファイル

038 彩色打印 vs 黑白打印

调整字符间距的时候，一定要用黑白打印机打印出来进行确认。若没有黑白打印机就先用彩色打印机打印，再用黑白墨水复印一遍。因为彩色墨水看不出字符间距的差别。（平）

山：其实，成品的制作方式不一样，设计方案也应该不一样。我虽然明白这一点，却还没有实践过。

水：有很多设计师，在苹果电脑里面存了一堆方案，却从来没有打印出来确认过。这样难成大器。

039 何谓最终稿

山：为了给对方留下想象的空间，可以保留一些模糊处理。但要把可以引发消极联想的因素全部抹掉。

水：千万不能认为，终稿就是为了发表会准备的。当然了，取得客户的认可也是很重要的。但更为根本的目的，是为了在摄影或印刷前进行再次确认。如果只是凑凑合合找几张图，凑凑合合合成一下，最终也只能出一个凑凑合合的成品。制作终稿时，有时已经需要搭道具，选外景之类的了。如果终稿比成品还棒，可能直接就作为成品被采用了。这才是真正的终稿。有时候我还会先尽己所能做一个最好的终稿，拿给客户看；然后再回归手绘的草图，向摄影师、插画师们讲解作品要求。

Maurizio Ca
Chen Zhen
Nigel Cooke
Gregory Creu
Verne Dawso
Wim Delvoye
Rineke Dijkstr
John Dogg
Stan Douglas
Marcel Duchamp
Olafur Eliasson
Urs Fischer

040 如何收尾

说句比较极端的话，不怕你们多想：作品的“完成度”永远比“创意”更重要。（水）

古: 我在最后的收尾工作上总是会花费大量的时间。经常有人对我说:“哎，你不是昨天就完工了么？怎么还没交稿？”（苦笑）。一边是“只要还有时间，就想精益求精”；另一边是“过于钻牛角尖的话作品的韵味就没了”。我就在这两条路之间犹豫徘徊，拿不定主意。当然，这跟工作的内容以及个人的喜好也有关系。大部分情况下，我还是会优先作品的完成度。

平: 收尾工作，就说明作品已经进入尾声了。只要骨架坚实，如何修饰和完善，就由设计师自行决定了。

山: 不要忘记最初的方案，经常以俯瞰的角度来统观作品全局。否则会很容易在一些细枝末节上过分纠结，反倒害了整体氛围。

JIS METRIC TRIM SIZES					
JIS A SERIES			JIS B SERIES		
Name	MM	Inches	Name	MM	Inches
A0	841 × 1189	33 1/8 × 46 13/16	B0	1030 × 1456	40 9/16 × 57 5/16
A1	594 × 841	23 3/8 × 33 1/8	B1	728 × 1030	28 11/16 × 40 9/16
A2	420 × 594	16 1/2 × 23 3/8	B2	515 × 728	20 1/4 × 28 11/16
A3	297 × 420	11 11/16 × 16 1/2	B3	364 × 515	14 5/16 × 20 1/4
A4	210 × 297	8 1/4 × 11 11/16	B4	257 × 364	10 1/8 × 14 5/16
A5	148 × 210	5 13/16 × 8 1/4	B5	182 × 257	7 3/16 × 10 1/8
A6	105 × 148	4 1/8 × 5 13/16	B6	128 × 182	5 1/16 × 7 3/16
A7	74 × 105	2 15/16 × 4 1/8	B7	91 × 128	3 9/16 × 5 1/16
A8	52 × 74	2 1/16 × 2 15/16	B8	64 × 91	2 1/2 × 3 9/16
A9	37 × 52	1 7/16 × 2 1/16	B9	45 × 64	1 3/4 × 2 1/2
A10	26 × 37	1 × 1 7/16	B10	32 × 45	1 1/4 × 1 3/4
A11	18 × 26	11/16 × 1	B11	22 × 32	7/8 × 1 1/4
A12	13 × 18	1/2 × 11/16	B12	16 × 22	5/8 × 7/8

JIS P 0138: Width precedes height. Press-sheet sizes accommodate 3 mm (1/8") head, foot, and fore-edge trim margins. Metric measurements are exact; inch measurements are approximate (calculated at 25.4 mm = 1 inch and rounded off). N.B. Although JIS A series sizes A0 through A12 are identical to ISO/DIN A series sizes, JIS B series sizes are not identical to ISO/DIN B series sizes.

N.B. JIS B sizes are a tad over 6% larger than ISO/DIN B sizes. While ISO/DIN B sizes can be cut from JIS B stock (with waste of about 5.7%), JIS B sizes cannot be cut economically from ISO/DIN B stock.

TYPE ANATOMY

Capital line
x-line
base-line
Descender line

1 Q = 0.25mm 1 point = 0.3528mm 1 H = 0.25mm

0 1 2
inches

0 1 2 3 4 5 6
centimeters

IN. (inch) = 0.0833ft = 2.540cm
FT. (foot) = 12in. = 0.3048m
MI. (mile) = 1.609km
MM. (millimeter) = 0.039in.
CM. (centimeter) = 10mm = 0.0397in
M. (meter) = 100cm = 39.37in
KM. (kilometer) = 1,000m = 0.6214mi

041 修改意见是逃不掉的

山：有价值的修改意见当然要听。一定要问清楚修改理由以及客户的真正需求，然后再在设计作品中体现出来。但很多情况下，设计师与客户之间并没有进行有效的沟通。甚至很多设计师在接到修改意见之后连问都不问一句，言听计从。这不是一个设计师该有的样子。

mistake

042 终于可以交稿了

交稿也要讲究技巧。制作方法、制作要求、方案数据全都要详细准确，清晰易懂。 （平）

水：为了避免事后争论“这个我说过了”“那个你没说”，一定要留好证据（记录）。

古：虽说我本人离完美主义者还差得远，但这个时候一定要拿出黑泽明先生的态度来。越是到了最后关头，越是要事无巨细。即使这样，都难免出些意外。

山：现在都是直接传输电子数据，进入信息技术时代之后，交稿只要在键盘上敲几个键发送出去就可以了。由于缺乏艺术鉴赏能力的印刷厂越来越多，所以交稿的时候一定要把要求说得清楚再清楚。

平：所有的制作要求都要具体化、文字化、文件化。因为收到你的稿件的那个人，不一定就是实际制作成品的人。

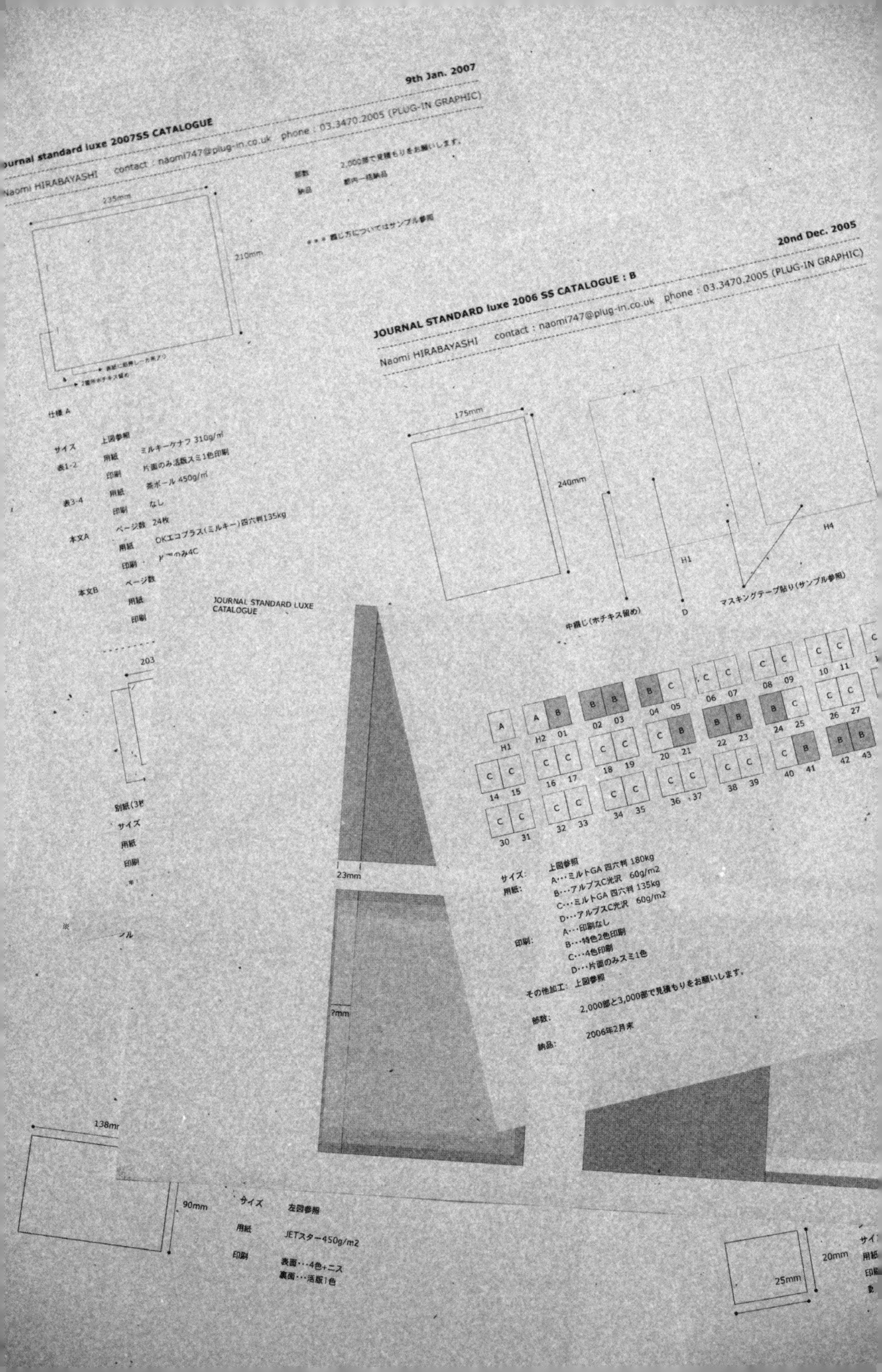
9th Jan. 2007
Journal standard luxe 2007SS CATALOGUE
Naomi HIRABAYASHI contact : naomi747@plug-in.co.uk phone : 03.3470.2005 (PLUG-IN GRAPHIC)
2,000部で見積もりをお願いします。
仕様 A
サイズ 上図参照
表1-2 用紙 ミルキーケナフ 310g/㎡
印刷 片面のみ活版スミ1色印刷
表3-4 用紙 茶ボール 450g/㎡
印刷 なし
本文A ページ数 24枚
用紙 OKエコプラス(ミルキー)四六判135kg
20nd Dec. 2005
JOURNAL STANDARD luxe 2006 SS CATALOGUE : B
Naomi HIRABAYASHI contact : naomi747@plug-in.co.uk phone : 03.3470.2005 (PLUG-IN GRAPHIC)
175mm
240mm
H1
H4
中綴じ(ホチキス留め)
D
マスキングテープ貼り(サンプル参照)
JOURNAL STANDARD LUXE CATALOGUE
23mm
サイズ: 上図参照
用紙: A…ミルトGA 四六判 180kg
B…アルプスC光沢 60g/m2
C…ミルトGA 四六判 135kg
D…アルプスC光沢 60g/m2
印刷: A…印刷なし
B…特色2色印刷
C…4色印刷
D…片面のみスミ1色
その他加工: 上図参照
部数: 2,000部と3,000部で見積もりをお願いします。
納品: 2006年2月末
138mm
90mm
サイズ 左図参照
用紙 JETスター450g/m2
印刷 表面…4色+ニス
裏面…活版1色
20mm
25mm

043 骑驴找马要不得

脑子里要先有一个想法，然后直接从纸张样品册里抽出你要的那一张。（平）

平: 尤其是白纸，更要慎重。很多人可能会想，都是白纸，有什么好挑的？这里面其实大有学问。比如我不喜欢偏黄色的，而喜欢偏灰色的。以及，先撇开手感和风格的问题，我更在意油墨印上去之后会不会反光等。

水： 初校的时候我会尝试三、四种纸张的打印效果。不同的纸张，打印出来的设计作品也是完全不同的。

山： 油墨的印刷方式也很重要，纸张纹路也不能忽视。所有这些因素都要综合起来考虑。

Keio
ナチュラルボード
キングバリア
キングフレッシュ
コルスネス
マルウチック
OKグリーン100シリーズ
ホワイトエクセル
包装用紙見本帳
再生紙シリーズ
キャストコート紙
嵩高紙
包装用紙
レジーナ雷鳥上質
ラフな紙
Newビジョン
マイセン100
再生印刷用紙
コーテッド紙（アート紙）
新王子製紙株式会社
大王製紙株式
パールカラー
三菱コート紙
BOOK BINDING CLOTH
アテナ製紙の板紙
加工紙
白板紙

044 把钱用在刀刃上

古：我在印刷环节上总会下很大功夫精心安排，所以印出来的作品都很漂亮。很多人就会说："真好，你们客户出了那么多钱让你用在印刷上。"其实完全不是那么一回事儿。没有哪个客户会说："这个方案不错，印刷的时候一定要多花一点钱，出最好的效果。"

水：客户们都掌握着价格细目表，所以大家的预算其实都差不多。

古：客户来派发任务的时候，一开始就会讲好，采用照相排版的四色印刷；纸张也依照惯例，大多使用 VENT NOUVEAV。但其实，你哪怕只是把四色换成三色，再更换一下纸样，选择余地就会大大拓宽。甚至可以用相同的预算，做出两种不同的海报来。

水：第一种选择，就照以往的做法，采用四色印刷；第二种选择，减少印刷色数，多出来的钱就当是订金了（笑）。但你还可以有第三种选择，那就是用多出来的钱再做一份作品。这样客户就会觉得，"把工作交给这个人，可以物超所值。"

古：没错，判断一件设计作品的好坏，可以有很多标准，但"2>1"是不容争辩的事实。

水：比如你可以自己画个扇形图，把印刷色数和纸张数等要素都考虑进去，然后再权衡哪个可以多一点，哪个可以少一些，哪个可以被替换掉，哪个又可以新加入进来，等。

古：是的，可以做很多细微的调整。比如色数改为二色印刷，多出的钱拿去烫金；海报的数量比较少所以可以用好一点的纸，传单要 5 万份所以用 EULYTE 就行……。

平：前提是你已经掌握了足够的相关知识。这样你才能有更广阔的选择空间。

045 色彩校正

即使与自己想象中的效果不太一样，也不能直接将其打入冷宫。说不定会有意料之外的惊喜等待着你。（山）

平：色彩校正之后再更换纸张样式的情况，也不在少数。因为印刷出来的效果与电脑屏幕上的效果不一定一样。颜色可能会出现偏差，油墨可能会反光。纸张与油墨的适应性、纸张与印刷方式的契合度等，都要在色彩校正阶段进行确认，千万不要认为只要检查有没有错别字就好了。

古：以前我会把修改意见写得特别详细，但现在基本上不写了。虽然很多人都认为，含糊不清、模棱两可是修改意见中的大忌，但我会直接与印刷厂的工作人员面谈，把那些只有大概感觉、没法具体叙述的想法也都告诉给他，然后由那位工作人员来写修改意见。因为以工作经验来讲，印刷厂的工作人员比我更清楚如何描述，如何传达。

水：印刷厂是重要的合作伙伴，要诚心相待。用红笔写批注的时候要清晰、易懂、美观。

046 CMYK

水： 平林老师，听说您目前在研究胶版印刷，能不能具体给我们介绍一下？您的关注点还是在四色印刷吗？

平： 没错，再次回归原点，在预算足够的情况下，是老老实实地采用四色印刷，还是另辟蹊径，这是每一位设计师都会面临的问题。有时大胆尝试一些新方法后，得到的成品会更加接近脑海中的形象。基本上来讲，印刷的效果肯定比不上打印的效果，但却拥有独特的优势。这一点，如果不好好研究一下胶版印刷的话，是难以明白的。光想着怎么在印刷方式上出花样，却完全不考虑照片制版的问题，就显得外行了。

古： 如果照片占主体位置的话，我就会选择三色印刷。因为只要青色和品红色加重一点，就可以调出黑色。同理，冷色调的颜色也不在话下。

水： 从根本上讲，由于照片里没有黑色，所以三色印刷会更漂亮。此外，你还可以添加一些荧光色，或者是将青色调亮等，印刷效果甚至会超过冲洗效果。

古： DTP（Desktop Publishing，台式印刷）之前的印刷，几乎不在照片中使用黑墨。当然纯黑的部分除外。但现在出现了一种奇怪的趋势，人们倾向于用黑色来表现照片的分量感。这一点我非常不能理解，使用黑墨要慎重，能不用就不用。

ÉTUDE DU MÉLANGE DES SEN

A L'AIDE DES DISQUES

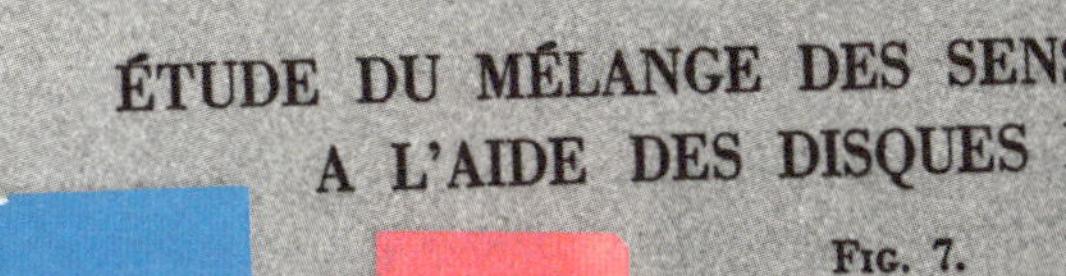

FIG. 7.

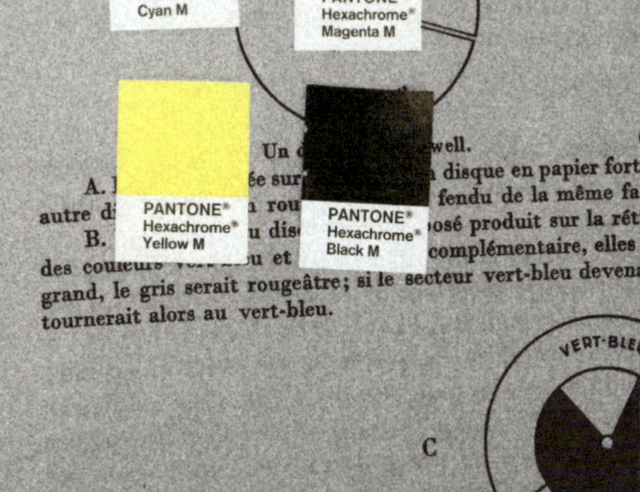

C. Grand disque rouge et vert-bleu, disposé par Roo
noir dans lequel est enchâssé un petit disque blanc donna
peut se représenter par l'équation suivante :

36 rouge + 64 vert-bleu = 21,

Dans une expérience de ce genre, Rood a trouvé que, po
de vermillon et 64 parties de vert bleuâtre. Ce gris était re
blanc et 78,7 de noir. Quand le disque était stationnaire, il
tournait, il offrait celle d'un gris pur et uniforme.

047 灵活利用拼版

古： 和印刷厂打交道的时候，经常会被问道："用什么版的纸？"或是"拼几版？"不过，似乎没有多少人能充分利用拼版这个环节。可能有些读者朋友对"拼版"不是很熟悉，我们先来大概介绍一下。胶版印刷一般都采用四六版或菊版的全开或者半开纸。比如印 A4 大小的传单的时候，不是每次印一张，而是在菊版半开纸上同时印四份。

也就是说，如果你想将一张 A4 大小的传单印 5000 份，那么，色数相同的情况下，1 种设计方案印 5000 份与 4 种设计方案印 1250 份所需要的工程量和花销是完全一样的。比如我之前接了一份展览会宣传的工作，客户表示海报有 3 张就够了，但此外还需要制作传单、信封、邀请函和入场券。海报比较大，所需数量少，所以就单独制版印刷。剩下的四种小物件，我把它们整理了一下，排在一版上面，一起印刷。

色彩校正的时候也可以用到"拼版"。虽说客户只要求制作一种方案的传单，但你可以在色彩校正的时候，一次性印刷四种方案，然后优胜劣汰。假如说你要印一份扉页与内页纸质相同的 16 页的宣传册，你就可以多尝试几种字体的颜色，看看哪种更协调。

你只要记着，"印刷厂里都是大机器，可以同时印好几种方案。"你的设计便会延展出更大的可能性。

Nobody gonna take my car
I'm gonna race it to the ground
Nobody gonna beat my car
It's got everything
Like a driving power big fat tyres
I love it and I need it
Nobody gonna take my girl
I'm gonna keep her to the end
She's got everything
Like a moving mouth body control
And everything
I love her I need her
I'm a highway star

048 多去印刷厂

印刷压力是不是总在变？

（山）

水：对，总在变。我平时特别看重印刷这方面。不过好像九成左右的设计师都不怎么往印刷厂跑。

平：我在资生堂工作的时候，去过几十次。校正时印出来的东西和正式印出来的东西，永远不一样。所以只要有机会，我就会过去看看情况。你想，如果你设计的是海报或者看板，哪怕校正的时候只是改了一点点，放大到实际大小的时候也会非常明显。

水：即使工作人员跟我说，“不能再加墨了，再加的话就和其他纸粘在一起了”，我也不肯轻易退让，我会说：“那就让我看看粘在一起是什么样子。”

古：虽说我有的时候会和营销人员吵起来，但对于印刷厂的工作人员，不论发生什么我都以礼相待。因为即使我懂再多的印刷知识，我也不会操作那些铁皮怪兽不是？前些日子，我请大阪 King Printing 的一位师傅（比我好像还要年轻 10 岁）印了一张 B0 的海报，看他操作机器的样子，简直就像埃里克·克莱普顿拨弄琴弦一样……

049 烫金

开始设计之前，就要和印刷厂商量好要不要烫金。烫金要靠预算和时间上的精打细算。（山）

水： 预算里面不包含烫金这一项的时候，就要自己动点心思了。比如把四色印刷换成三色印刷，省下的钱就可以用来烫金。

古： 如果决定要烫金，就要把烫金作为最开始的大前提，来安排预算和工作进度等。等设计方案完成后再考虑是选四色印刷还是烫金的话就来不及了。选哪种印刷，采用什么样的加工，都要作为和字体、颜色同等重要的设计要素，提前纳入考虑之中。

平： 版面决定了作品的质感，先想好你是要尖锐一点的效果还是柔缓一点的效果，再决定是采用亚铅版还是树脂版。

SCHOOL OF
NAOMI HIRABAYASHI
MANABU MIZUNO
S

050 镂刻

古：直到现在，镂刻都经常被用于设计。但是不知道从什么时候开始，我在大街上收到的好多传单都是奇形怪状的。当我意识到这个问题之后，就不再在传单中用镂刻了。但还是会用在海报或者书皮（不是只把文字镂空，而是让整个封皮呈现文字的形状）的设计方案中。虽说设计这一行里经常要“标新立异”，可是把传单搞得奇形怪状的究竟是怎么回事……

051 丝网印刷

平：都这个年代了，如果传单上满是字没什么图的话，采用丝网单色印刷依然是一件很奢侈的事情。但是丝网印刷就是能印出来胶版印刷所没有的那种分量感。尤其是使用荧光色的时候，网印简直是不二之选。

古：对我来说，只有网印才能印出“真正的红色”。纯正无偏差，其他印刷方式都做不到。而且网印对于金银丝的处理效果也非常棒。

网印比较贵，大多数客户都不愿多花钱。但如果你认定这份方案非网印不可的话，可以自掏腰包印一份，把两种样品都摆在客户面前。孰优孰劣，一目了然。（水）

ラフォーレ
B1全ポスター
B全ポスター
DM などに入る
赤文字 の色見本

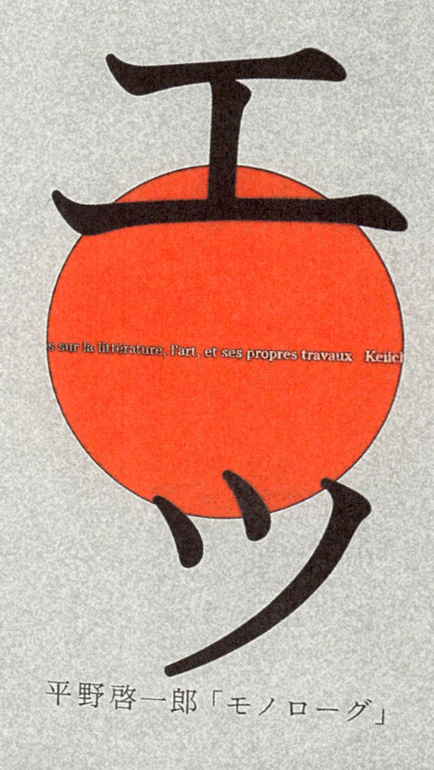

「モノローグ」

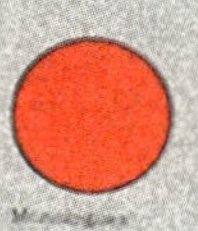

平野啓一郎

講談社

052 聊聊活版印刷

平：这个可是太热门了，我都不好意思说我在用活版印刷。怎么说呢，哪怕你设计的字体、间距什么的都不怎么样，只要你用活版印刷那么一“刷”，自然就会出现那么一种“味道”。我只要遇上黑白照片，就会试一下活版印刷的效果。有时还会先用胶版印刷彩色照片，再把活版印刷的金色文字加上去。胶版印刷的效果你是可以想象出来的，因为它完全遵照你提交的设计方案。但活版印刷就不一样了。刷油墨的力度对印刷效果有很大影响。那种偶然是你无法预料的，所以才更让人期待！

之前在嘉瑞工坊，我第一次见到工作人员排列活字的场景。有一种叫做“齿”的零部件，非常小，被放在字与字之间来调整字符间距。我当时就想：“啊，原来我们平常所说的 0.5 齿距就是指的这个呀！”

我第一次被活版印刷的效果所迷住，就是因为拜读了葛西先生设计的《妖精的诗篇》。那本书实在是太漂亮了。

水：我也会在需要的时候采用活字印刷。但有些人是因为懒得考虑用什么印刷方式，就直接拿活版印刷交差。这就有点说不过去了。

山：是有些过分。明明是欠考虑，却还摆出一副“我热爱活版印刷！”的架势。

古：我平时基本不用活版印刷，因为用的人实在太多了。也没什么别的理由，就是单纯不想去挤一辆已经塞满人的车……

GENIUS
AT WORK
MkII CONTROL MON
California U.S.A.
Serial 16386

053 宣传媒介

宣传媒介不同，读者的阅读速度和领会程度也不同。媒介变了，设计方案却不变，一味偷懒凑数，这样的广告谁也不会去看的。不过也有些广告，乍一看是在凑数，实际上却蕴涵了设计者的巧妙用心。（水）

山： 先完成设计方案，再根据方案来选择宣传媒介。这个是最理想的情况。但有时宣传媒介是已经被指定好的，这时就需要根据宣传媒介来确定设计方案。因为最终目的是要把目标产品推销出去。如果是第一种情况，就要选择与设计方案最为匹配的媒介，仿佛方案就是为这一媒介所设计的那样；如果是后一种情况，那就挖掘所选媒介的最大潜能，展现其最佳效果。

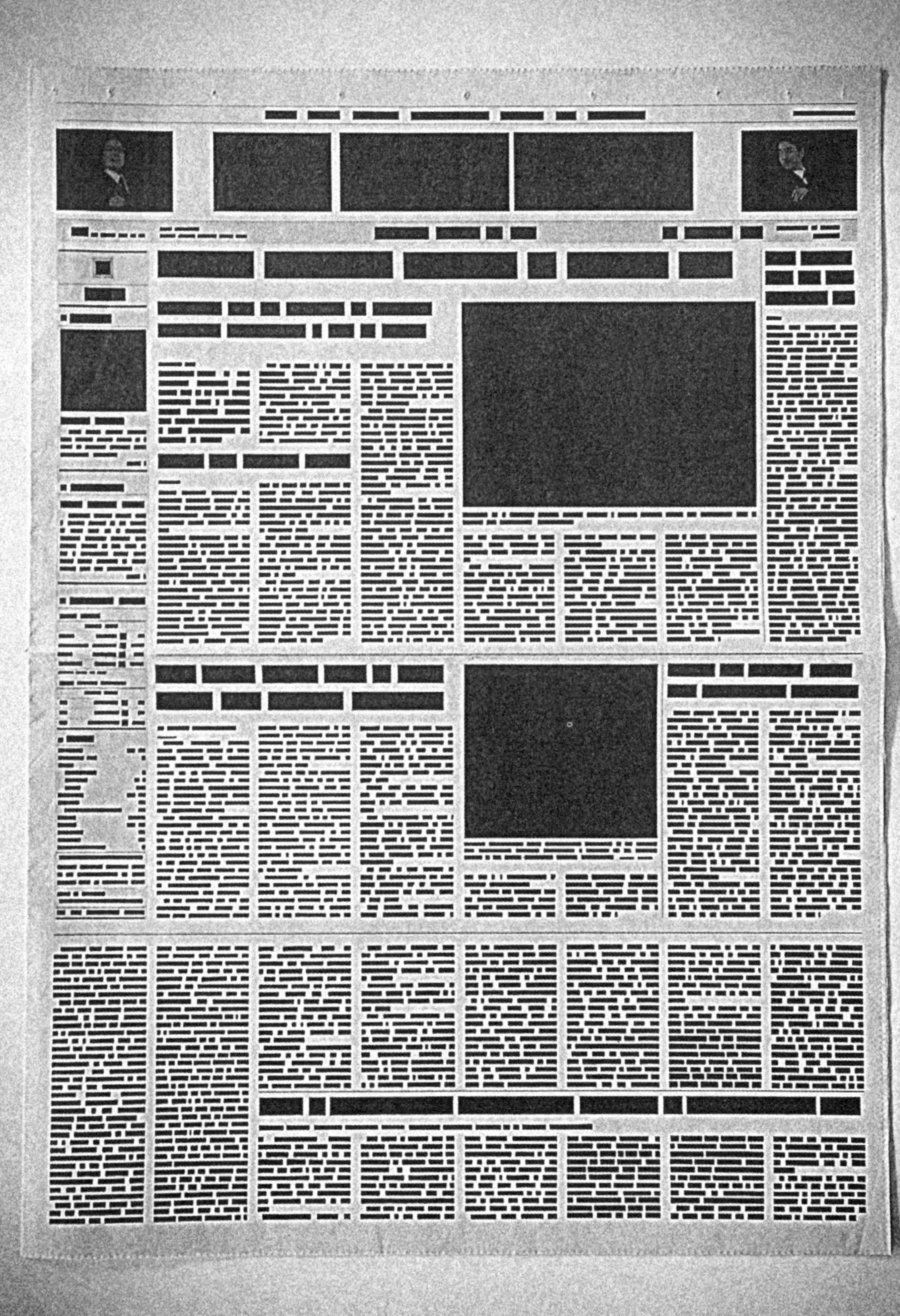

054 海报设计——气息

你的设计能不能散发出一种气息？能不能让人在驻足细品之前，就能通过气息了解到海报的文字内容？（山）

水：首先要考虑的是，如何吸引读者来观看你的海报。很多人设计海报的前提是，假如读者已经看到了海报。没有任何魅力的海报，读者又怎么会在上面浪费时间呢？光在苹果电脑上调来调去不会有任何改善。必须得制作成实物大小，再细细调整。

平：之前有一张海报，我真的是殚精竭虑地进行了方案设计。几周之后我在涩谷站见到了这张海报，简直是一阵愕然。我没有想到，高楼林立，茫茫人海之中，我设计的海报竟然这么不起眼！那时我才突然意识到，贴在公司墙壁上的效果与贴在大街上的效果是完全不同的。其他很多东西也是这样，但海报尤其如此。

古：我以前一直都很苦恼，为什么我不能像那些大师一样，做出"像海报的海报"。后来我突然想到，那我干脆就用"不像海报的海报"来开创一种新风格。现在，很多人都热衷于模仿前辈的风格，追寻大师的步伐。但这样永远也到不了自己的目的地。

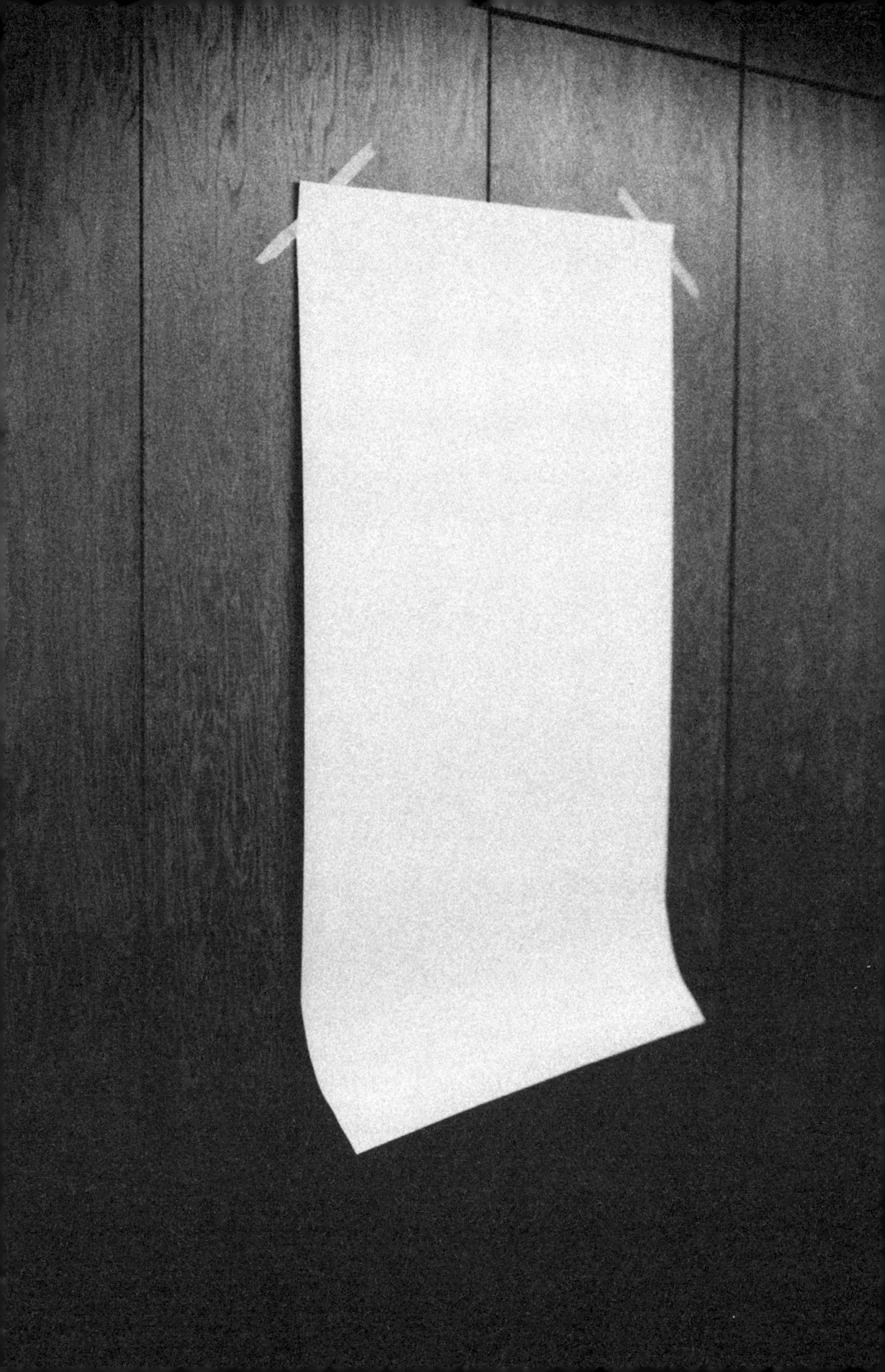

055 图书编辑——阅读的设计

图书编辑可没法随便玩玩儿。（古）

古：经常听人们说："有了苹果电脑之后，人人都是设计师。"但编辑设计可不能算在内。因为你不光要懂设计，还要懂印刷、装订等很多其他领域的专业知识。首先，要正经八百地学习制作图书的正统流程，然后再稍稍脱离理论轨道，进行自己的设计。跑得太偏，书就不像书了，销量也不会好。先要保证"这是一本书"，然后再充分发挥自己的主观能动性。而要保证"这是一本书"，就要遵守错综复杂的条条框框的制约。图书编辑这一行有很多竞争对手，但大家都面对诸多制约，不知从何下手，所以很难有惊人的设计作品面世。不过这也从另外一个角度说明，这个领域还有很广阔的空间值得挖掘。

平：当你在难以突破的舆论常识、枯燥无聊的客户条件以及啰嗦烦人的出版限制之间终于找到立足之地的时候，那种兴奋，无可替代。

水：同款版式的图书在橱窗里一字排开，是设计师实力的最好证明。

山：注重文章内容传达，不一定就能销量走俏。还是要考虑装订方面的特色。

THE WONDERLAND'S
HERITAGE EXTRA
KO RACHAVAI

056 包装设计

设计之前要百般猜测，这件商品将会被陈列在哪里，周围会有什么声音、什么气味、什么氛围。

（平）

山：“看见”—“拿到”—“打开”—“取出”，这一连串的步骤，都隐藏着设计的要点。

古：包装也是消费者花钱购买的一部分。哪怕只停留一瞬间，它也将成为消费者的所有物。既然是自己花钱买的，消费者就希望它是漂亮的，值这个价钱的。

水：包装，就是在打广告，而且是最有力的广告。

36-21-62
A
HANDLE WITH CARE
JBL
LOUDSPEAKER COMPONENT

057 道路标识——风景中的设计

设计标识，就是在设计别人眼中的风景。别让旅行者心存遗憾。（古）

平：有些设计师一味张扬个性，设计得有些过头。比如六本木那边有座建筑，我去过这么多次了，一直找不着停车场的入口在哪里。去一个完全陌生的国度，体验一下只能靠指示路牌出行的生活，就知道标识应该怎么设计了。

水：过于扎眼的标识，就不是“标识”了。

山：判断一件标识设计的好坏，与其他作品的判断标准有些不同。标识要比广告传递更多的信息，更能吸引人们的注意。

PUSH
BUTTON
FOR

058 DM——传单设计

水：之前有一位客户让我设计一份普通的广告传单，结果我把压箱底的稿子拿出来了。我不光向他展示了传单的设计方案，连制作、预算等都列出来了。最终的花销是客户最初预算的十倍，但回报也相当可观。他们本来只是地方上的一个小品牌，没什么知名度，却突然受到了许多当红杂志的采访。大家都说："我们是看了这张宣传单才赶过来的。"

古：我刚刚独立出来开工作室的时候，只能接到一些传单和积分卡之类的活儿。但我很珍惜这些机会，比设计海报还上心。后来就来了很多美术馆和出版社的工作。也不是我的营销技术有多好，而是传单呀积分卡呀这些东西会送到成千上万人手里，总会有人留意到的。

山：我每天也会收到很多传单，但大多数传单我连打开都没打开就扔垃圾箱了。这也就说明，那些设计师付出的努力，都没达到让读者打开传单看一看的地步。

水：尤其是媒体工作者，他们每天会收到几十份传单。传单和海报一样，不管你内容是什么，如果你不能吸引读者来看一看，那一切都是白搭。所以就要经常思考，"我怎样才能让我的传单在几十份竞争对手中脱颖而出，而且还符合客户的要求？"

古：我见过一些传单，其实设计得还蛮不错，但偏偏要封在塑料袋里送过来。这就有些奇怪了。传单送到读者手中的时候应该是它最真实的面目。你不可能说我盖一座楼，雄伟壮丽，但我怕大风一吹楼就塌了，所以一直拿布蒙着。

平：我寄送传单的时候，非常不喜欢运输公司在上面贴的标签。所以我就会四处找那种标签不怎么起眼的公司，拜托他们送传单。

POSTAGE PAID
料金別納 郵便

059 CI——企业视觉形象设计

中小企业的LOGO最好让消费者有似曾相识的感觉，否则很难得到信赖。（水）

水：得不到消费者的信赖，LOGO也就没什么意义了。现在有些设计师设计的LOGO花里胡哨，时尚感十足，可能就是缺乏对信任度方面的考虑。我一直觉得，像索尼和丰田那样的大企业，LOGO新一些也没什么。但现在反倒是中小企业总是出一些崭新的LOGO登在设计年鉴里。

古：我做CI设计，一般也就是调一调正规字体的格式。毕竟这种东西也不好过分发挥。

平：同感。

山：我也是。

inc.
INC.
inc.
inc.
inc.
INC.
inc.

060 专辑封面——听得见的设计

平：我没有长期固定地为哪位歌手设计过专辑封面，但有一些很幸运的机会，都被我赶上了。比如宇田多光的精选集、“无限开关（Sukima Switch）”组合里大桥卓弥的独唱专辑、“美梦成真”组合出道20周年纪念专辑等。对于封面设计，设计得多了就知道了：你越是倾注心血，死抠细节，这张专辑摆在商店里越是不起眼。

水：我刚开始的时候也是不得要领，后来就发现，的确如平林老师所说，设计得越细腻，越没人理。好好想想的话，其实很少有人是冲着封面来的，不能说没有，但毕竟不多。人们更关注的是里面收录的歌曲，说的不好听一点，封面设计就是个附赠品。那些所谓的“神封面”，也大多是因为歌曲人气很高，专辑畅销，人们才顺便留意了封面。披头士乐队的很多专辑封面都为歌迷津津乐道，“齐柏林飞船”火了之后，他们的专辑封面也越来越受到关注。有时候爱屋及乌，你喜欢哪个歌手或者乐队，就自然而然会喜欢上那张封面。我为专辑设计封面的时候会尽量考虑歌迷的心理，努力迎合歌手的个人风格。

古：我曾经为“Sound Schedule”乐队设计过几张封面。其中一次，我拜托山根Yuriko茂树先生以乐队三人为原型做了三个布偶。给他们摆好造型，拍照用作封面。当时包括乐队成员在内，大家都觉得挺有意思的。但歌迷似乎并不买账（苦笑）。这也在情理之中。说到底，歌迷真正在乎的，是乐队以及他们的音乐……

平：我们这些在纸上谈兵的人就没有那么风光了。

古：恩，而且还很难把握分寸。

水：没错没错，就是这样。我之前为井上阳水先生设计封面的时候，还专门费力气订制了一批活字，比如让“水”的线条像流水那样弯弯曲曲等。结果我拿给井上先生看的时候，他说，“这些完全没有必要啊”。要是在往常，我可能会觉得，“什么嘛，我辛辛苦苦做的”。但当时想的却是，“啊，也对，确实没有什么必要”。（笑）如果你所添加的设计要素与乐

Technics
Quartz Direct Drive Turntable System SL-1200MK3
pitch adj.

曲风格并不完全匹配的话，听歌时会对封面产生一种强烈的违和感。

平：不过我会多花点心思在碟面设计上。简单大方的设计就会很漂亮，但你稍微一偷懒，整个包装质量就会滑落几个台阶。

山：设计碟面更有干劲儿。印刷很有意思，有 3D 的效果，而且二次印刷的话手感也会大不一样。

水：我特别喜欢设计托盘部分。所以说嘛，一张专辑里有很多个地方都值得去动脑筋。

山：专辑设计，我当初做过不少。我有朋友就是在搞乐队。而且设计了几张原声碟之后，又有人给我介绍了电影界的一些相关工作。专辑摆在商店里会被很多人看到，是推销自己的好机会。

水：现在很多设计师把方案设计完之后就万事大吉，这个习惯可不太好。我都是拆下别的 CD 的外壳，把自己设计的封面装进去试一下效果。

古：我也是。结果每当给别人设计专辑的时候，自己的 CD 就变得一团糟。而且交稿的时候如果连带外壳一起提交的话，他们经常就不还给我了。之前为了给印刷厂做颜色参考，弄丢了一张限量版的橘色 CD 外壳，实在是心疼了好久……

平：我会囤很多透明外壳备用。自己买的 CD 都有些年月，外壳上有很多细小的划痕。而且在我买了 CD 或 DVD 之后直接把碟片和封面都整理在光盘包里，外壳就直接扔了。

水、山、古：天啊！

古：那些比较特殊的外壳你也都扔了？纸质的或带有颜色的之类的？

平：那些我还是留下来了的。

古：前段日子，我人生中第一次为 12 英寸的 Analog 盘做设计。我还挺激动的，老了嘛，不怎么接触新鲜玩意儿了。就觉得，“果然还是尺寸大的好啊……”。但现在都追求外形越来越小，甚至信息技术时代里，数据都化身无形了。从留声机到 CD 是一次伟大的飞跃，从 CD 到信息网络又是一次划时代的进步。LaForet 原宿 30 周年庆典的时候，官方发布了一首主题曲，并制成专辑发售。我当时将活动海报转化为了专辑封面，这样既有创意又符合主基调。后来那位歌手把歌发到 iTunes 上的时候，去掉了 LaForet 的 Logo，只留下图片。结果评论区里一片赞叹声（当然啦，夸的是歌手，不是我）。毕竟这是 LaForet 的广告，我设计的时候不仅费了不少脑细胞，还花了很多经费。不过 iTunes 上那么小的专辑封面居然也有那么多人留心看。

061 Web——不用印刷的设计

技术和设计是两码事，不可混淆。（山）

古：我在设计的时候非常喜欢把纵向和横向两种情况都考虑在内。有的时候也确实必须得区分考虑。当我的设计作品第一次出现在 Web 上的时候，我新奇得不得了。首先它不用印刷，只需要上传就可以了。其次它采用的是 RGB 颜色模式，视觉效果也有所不同。

水：现在这个时代，要求设计师必须双管齐下：印刷出来的效果和 Web 显示的效果都要提前考虑。另外还有一点需要注意，那就是如何“编辑”，即处理和调整信息的能力。我觉得，制作一份网页一定比出版一本杂志还要费时费力。

NOW LOADING

062 视频——会动的设计

水：这个我喜欢。设计 CM 的时候，一定要具备“时间意识”。

古：我的第一支 PV，拍的是歌手的一段舞蹈。之后有关 CM 的工作也接了不少。说到“会动的设计”，大家可能会直接理解为“平面设计师制作的视频”。但其实我在制作视频的时候，首要关注点不在于构图，也不在于色彩搭配，而是把更多的精力放在场景、背景音乐以及模特的动作上。就像平面设计不等于只注重印刷工艺或排字艺术一样，视频设计也要兼顾多个方面。

山：找靠谱的人合作。这是最重要的。

music by

063 T恤衫——穿在身上的设计

有些人看到一张好看的海报，就直接印到T恤衫上。海报再好看，也拯救不了这件T恤衫了。

（古）

古：我们这些专业的平面设计师，如果设计出来的T恤衫不好看的话，怎么对得起观众？如果我们设计的T恤衫还不如那些非专业设计师的作品，我们怎么好意思管自己叫“专业”？所以说，哪怕只是一件T恤衫，也要拿出真本事严肃对待。

水：我懂你的意思。

山：七八年前，我开创了一个T恤衫品牌。当时只是抱着一种玩玩儿的心态，想着反正也敌不过时尚设计师，那我按照平面设计的路子来好了。我们也没必要非得和时尚设计师一争高下嘛。

古：只要心里清楚T恤衫的基本特征是什么，新奇特的设计方案也未尝不可。

水：其中一条大忌就是：宣传媒介变了，设计方案却不变。所以再好看的海报，直接印在T恤衫的话都是一场灾难。CD封面其实土一点难看一点也就罢了。万一正好符合歌手或音乐家的个人爱好呢。但T恤衫就没救了，一眼就能看出来。

064 General Graphics——拿在手里的设计

质感、触感、还要有美感。

（水）

山：一边想着顾客拿在手里是什么感觉呢，一边修改方案。

古：我偶尔会带上自己设计的传单出门闲逛。看见一个小酒馆儿，就掀帘儿进去。与店老板和喝酒的客人们打声招呼，请他们看看我的传单。这样我就可以直接了解到普通观众对我的传单的印象：究竟是“这个不错哎”，还是“这跟我没什么关系吧”，抑或是“这太困难了”。设计是要有观众的，应多去听听他们的声音。

065 贺年卡——问候的设计

水： 贺年卡，大家都是按照同样的主题、同样的格式来设计，这从某种意义上来说竞争力就太强了。因为所有设计师都站在了同一条起跑线上。

古： 对啊，方案基本都是互相重合的，比如虎年就画一堆老虎之类的……所以能不能脱颖而出，就看你是不是比别人想得更多。十二生肖大家都会背，你必须有一个“这个肯定其他人都想不到”的点子。

水： 我一直都跟公司里的那群孩子们说：“有没有功力，就在贺年卡上比试比试。”而且经常会搞个贺年卡设计的竞赛。

平： 我的想法跟你们不太一样。今年年初，关于贺年卡我想了很多。大家每年都会收到很多贺年卡，但其中一部分一看就知道，肯定是群发的。收到这样的贺年卡，你能感受到过年的气氛吗？我家亲戚经常会把自家孩子的照片印成贺年卡寄给我。直到去年，我都没当回事儿。但是今年，我突然想到，“这才是贺年卡的意义所在啊！”设计得漂亮当然是件好事，但是贺年卡，本来就是借着拜年的机会，向平时不常联系的人介绍一下自己的近况。有了照片，你就会知道“啊，孩子都长这么高了！”这样的贺年卡不时髦也不华丽，但你会拿在手里细细地瞧。设计师精心设计、印刷厂加紧印刷的精美贺年卡，你反倒不会看。还有一些人，出于嫌麻烦或者是保护环境之类的理由，选择发电子邮件，这我也不是很赞同。我觉得，带有孩子照片的贺年卡，虽然乍一看有些老土，却不仅不是浪费纸张，反而是心与心之间的一种交流。

古： 我一般都是把我自己的照片设计成贺年卡寄出去。（笑）

水： 我觉得这事儿分两个阶段吧。年轻人在贺年卡上练练手艺也没什么不好的。不过贺年卡的真正意义是什么，的确值得思考。

WORK HARD. PLAY HARDER.
HAPPY NEW YEAR.
I'M STILL FIGHTING.
Ultra Graphics

066 名片——传递的设计

名人的名片，没有花里胡哨的。（水）

山：名片设计，要涉及字体、字符间距、纸质、布局、预算、时间安排、印刷工艺等诸多要素，几乎涵盖了设计的所有工序。可谓是麻雀虽小，五脏俱全。

平：名片的作用就是向对方传递自己的信息。你要好好想想，是要时尚前卫，还是要让对方看得清楚明白。我设计名片有一条准则，那就是其中一面上一定要让姓名和联系方式显眼、突出。

古：每当名片用完了的时候，我就会换一种纸张或换一种字体来印新的名片。名片尺寸小，需要的数量也不是太多，所以有时候还可以试一下比较高级的纸是什么效果。印名片是个不错的试验方法，你的各种想法都可以实践一下。

有限会社フレイム
東京都港区南青山4-11-13 サンライトヒル青山2F 〒107-0062
tel 03-5786-0755 fax 03-5786-0756
kodaira@flameinc.jp www.flameinc.jp

古平正義

masayoshi kodaira FLAME, inc.

masayoshi kodaira FLAME, inc.
sunlight hill aoyama 2f,
4-11-13, minami aoyama, minato-ku,
tokyo 107-0062 japan
tel: 81-3-5786-0755
fax: 81-3-5786-0756
e-mail: kodaira@flameinc.jp
www.flameinc.jp

平林奈緒美 NAOMI HIRABAYASHI

CONTACT:
Plug-in Graphic
150.0001 東京都渋谷区神宮前4.17.16
Nichii Part 2
Voice: 81.3.3470.2005
Facsimile: 81.3.3470.2004
00000000@plug-in.co.uk

ART DIRECTION / GRAPHIC DESIGN / TYPOGRAPHY

NAOMI HIRABAYASHI

CONTACT:
Plug-in Graphic
Nichii Part 2, 4.17.16 Jingumae
Shibuyaku Tokyo 150.0001 Japan
Voice: 81.3.3470.2005
Facsimile: 81.3.3470.2004
00000000@plug-in.co.uk

ART DIRECTION / GRAPHIC DESIGN / TYPOGRAPHY

good design company
president / art director
水野学

g
株式会社グッドデザインカンパニー
〒一五〇-〇〇二一 東京都渋谷区恵比寿西一丁目三十一番地十三号二階
電話番号〇〇-〇〇〇〇-〇〇〇〇 電送番号〇〇-〇〇〇〇-〇〇〇〇
2F,1-31-13, ebisu-nishi, shibuya-ku, tokyo, japan 150-0021
T 00-0000-0000 F 00-0000-0000 you@00000000000000000000

山田英二

有限会社ウルトラグラフィックス
107-0062 港区南青山5-6-24 共同ビル7F
電話：03-6419-2980
ファックス：03-6419-2981
携帯：090-1469-2267
Eメール：yamada@ultra.co.jp
UltRA Graphics
Kyodo bldg.7F, 5-6-24, Minamiaoyama,
Minato-ku, Tokyo 107-0062, Japan
Tel：+81-3-6419-2980
Fax：+81-3-6419-2981
Mobile：+81-90-1469-2267
E-mail：yamada@ultra.co.jp
Url：http://www.ultra.co.jp
Eiji Yamada
Art Director / Graphic Designer

067 预备会

参加预备会之前要提前做好功课，空着两手去就没有意义了。想想自己有什么问题要问，或者别人可能会问什么问题，查好资料，带上自己的想法去参加预备会。

（水）

山： 而从听者的角度来说，重点在于能否准确把握说话人想要表达的内容。事先确定结束时间。时间到了会议却还没有结束，就直接回家。这样以后再开会，就肯定会按点结束了。（平）

平： 一屋子人大眼瞪小眼，只会说“那我们该怎么办呢？”。这样的预备会是没有任何意义的。时间宝贵，寸金寸阴。应尽可能减少这些没必要的时间浪费，把时间更多地花在调整方案上。

EDWARDS

068 时间表要倒着推

截止日期是固定的，所以你只能倒着算：出成品—交稿—发表—领导审查—预审查……很多人也不定制时间表，也不及时和领导预约审查时间，浑浑噩噩，过一天算一天。工作是做不完的。必须严格按照时间表来进行。（水）

山： 说得一点不错。

8
15
4
3

069 时间安排

不管工作做没做完，零点以后就不要再趴在办公桌前了。（平）

平：剩下的部分，第二天早起再做。这样，你就能养成“今日事今日毕”的习惯了。

古：时间不够的时候就准备时间不够的方案。然后发表会上就可以解释说，“因为时间有限，所以我做了如下调整”。

水：我不知道现在还有多少人依然采用制版的做法，但自从苹果电脑出现之后，工作效率被提上了一个新台阶。和制版或照相排版相比，所需时间缩短到原来的十分之一。也就是说，光从时间角度来讲的话，同样的时间里，我们理应完成 10 倍的工作量，但事实并非如此。设计师的工作效率没有显著提高，反而很容易出现延误现象。这就意味着，技术在进化，设计师却在退化。我在授课过程中，如果要求学生们在 90 分钟的时间里拿出 50 个方案来，他们也能完成得很好。说明不是办不到，只是以前没有意识到过。苹果电脑已经改变了设计师的工作方式，设计师却还保留着苹果电脑出现之前的工作习惯。这就像你明明坐的是高铁，却和普快一个速度。简直是浪费。

TIME

070 预算分配

山：可不能把“预算”简单地理解成“有这么多钱可以花”。预算金额确定之后，宣传媒介、外部加工（摄影，插画等）、印刷工艺等就都可以确定下来了。就像你在设计的时候需要考虑宣传主旨和目标人群一样，“预算”也是一项很重要的参考因素。

古：尤其是印刷工艺，在很大程度上要受到预算的制约。如果预算“少得可怜”，那就乖乖地选最便宜的纸，用单色印刷，别去想什么“要是能再加一种颜色的话就好了”，那种方案趁早扔掉了事。

平：那种由设计师自由支配所有预算的工作，我基本是不接的，自己管理预算或许更能把钱花在刀刃上。但花钱、管钱本不是设计师的工作，那是会计人员的专长。碰上实在无法推脱的情况，我就先把钱接下来，再找自由制作人或者自由会计师帮我拿着。

水：如果有别人帮自己管钱，那就不用瞎操心，如果只能自己管理，那就得先从预算开始考虑。

Management Series®

CASH

60 pages
9/16 x 6 1/8 in/24.2x15.5cm
available rulings:
Cash
Record
Single Entry Ledger

ACCOUNT BOOK

64516

Made in Taiwan

071 外部加工

借职业来称呼对方，如“摄影师”等。（水）

水: 当然, 如果可以的话最好还是称对方为“××公司的××先生/女士”。大家一起工作，就是一个团队，要重视每一位成员。哪怕少了一颗螺丝钉，机器都不能正常工作。

山: 平常心，放松去做。

平: 先把需要找外援的项目列个清单，然后自己动手，看看能完成到什么地步。实在做不到的，再去找外援。

古: 这年头，有了电脑，又有了网络，实在是太方便了。你需要怎么样的外援，上网去搜就是了。网上有很多新奇玩意，有时候你都想不到竟然还可以做成那样的效果。

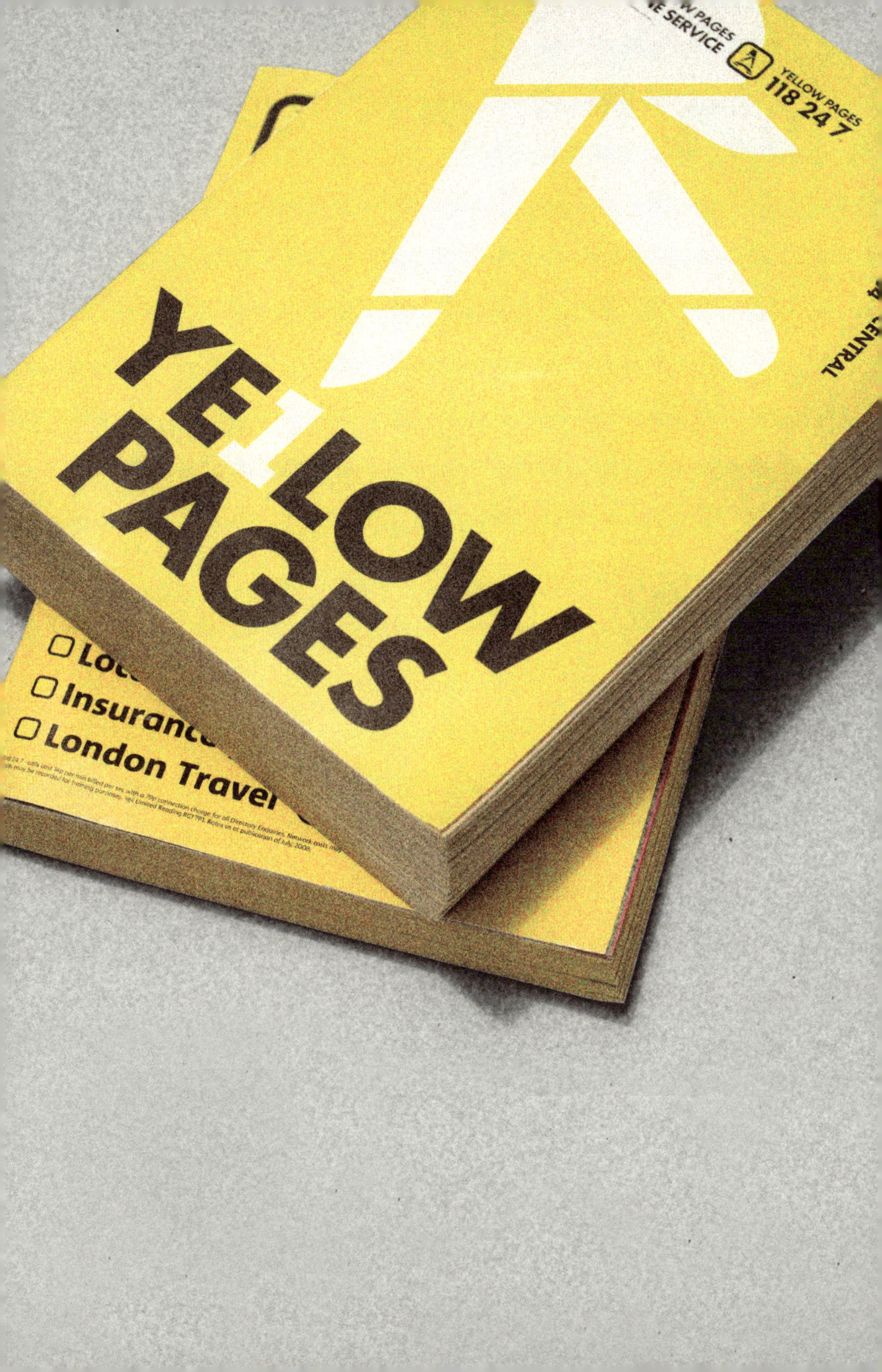

YELLOW PAGES
118 24 7

YE1LOW
PAGES

Insuranc
London Travel

072 估价

山：估价，是再一次审视工作内容的机会。因为你需要把工序形成文字，想象所需人力、物力及时间，然后估算金额。在这个过程当中，外部加工、印刷工艺、进度安排等要素自然也会闯进你的脑海。一边写估价单，一边就会觉得，“天啊，理清了不少事”。

水：估价对我来说，一直是一件有些匪夷所思的事情。给我预算，我当然会从预算的角度来考虑方案，不给我预算，我自然是不考虑预算因素，转而以其他角度为切入点。虽说设计这一行不一定花钱越多，效果越好；但毕竟给的钱多，能做的事情也就更多不是？

古：请印刷厂估算印刷价格的时候，我会顺带要一张明细表。这样万一预算不够的话，就可以轻易看出哪些地方需要调整，但是来回调整终究有些麻烦，你不妨自己事先估计一下，还可以顺便学到些印刷方面的知识。

073 酬金

山：酬金一般不是自己决定的，都是客户那边先给出一个价格，我再考虑接不接受。有时会拖到工作完成之后再给，我也没太大意见。而且如果是关系比较好的客户的话，给多给少都无所谓。不过可能也是因为我没有碰到过什么太过分的情况。

平：我基本只有一个要求，那就是酬金和实际费用分开支付。如果酬金包含在实际费用里一共多少多少钱的话，就会觉得怎么这么点儿。而且酬金和实际支付费用两两分开，可以让客户更清晰地知道，此次的花费是怎样的。

古：钱的事情，我没什么概念。在我看来，设计这一行，很难让设计作品与所得酬金完全匹配。所以，我们尽量用同样的预算做出超出客户期待的作品。这世道上有很多不合情理的事情，比如印刷质量的好坏居然也属于设计师的责任范畴。我们只能相信，自己的努力一定是有回报的。

水：随着电脑的网络普及，很多设计师年纪轻轻便独立出来。相互竞争之间酬金便越压越低。如果我接受低价的话，那么那些年轻人就更赚不到什么钱了。所以我该收多少钱就收多少钱，不接受压价。当然，我会付出比酬金高出好几倍的劳动。

074 客户永远是对的

水：客户说的话，绝不能轻易否定。他们之所以能有今天的成绩，一定有其中的理由。

山：我总是告诉自己，“客户永远是对的”。因为他们对要卖的商品最为熟悉，最为了解。但同时，他们并不是设计领域的专家。明白了这两点，和客户的交流就会顺畅多了。

CARTES

075 设计竞赛

与其念一段长长的介绍，不如言简意赅，切合方案。（古）

山： 就像正义不一定总在胜利的一方一样，竞赛中胜出的方案，不一定就是最适合实际情况的方案。

水： 设计竞赛中没有正确答案。客户之所以进行设计竞赛，就是因为他拿不定主意。除了方案之外，你还需要认真、细致地考虑其他所有可能的因素。不这样的话你无法脱颖而出，即使赢了竞赛也没法交出一份完美的作品。

平： 参加竞赛的话一定要让举办方负责材料费；否则太吃亏了。

076 拿奖越多越好?

想拿奖，最好有一个理由。（山）

水： 能拿的就拿了呗。

平： 工作中设计的作品，如果能拿奖，那就拿下来。拿奖不是目的，反而是以获奖为契机邂逅的那些人，会给你带来更宽广的视野。不过如果只是为了拿奖，做一堆无其他用武之地的海报，那就没必要了吧！

古： 对。不要到时候一年下来，除去拿了个奖之外没有别的拿得出手的作品。

World
Design
Award

077 工作与作品

所花精力都是一样的，跟赚不赚钱没有关系。（山）

水：我好像只为展览会进行过“作品”创作。说到底，我在 good design company 完成的不叫“作品”，而叫“成品”。

平：毕竟那属于工作嘛。

078 你注意过国外的海报吗？

日本的教育普及度较高，所以大多海报都会使用文字元素。（水）

水： 有意思的是，很多不懂外语的人也对外国海报大加赞赏，趋之若鹜。其实没必要对外国的设计作品盲目崇拜。

古： 平面设计是世界性艺术，不要将眼光局限在国门之内。

平： 在设计公益性广告或者教育类海报的时候，日本总习惯遮遮掩掩，吞吞吐吐；国外就正好相反，直言不讳，开门见山。就拿预防艾滋病的海报来说，世界范围内都在加大宣传力度，只有日本的海报又委婉又抽象，不好好思考一番都不明白它在说什么。从这一点上也可以看出一个国家的民族性格和国民心理。正如古平老师所说，平面设计是世界性艺术，可以与世界各国的设计师交流，互相切磋。

079 行万里路

平：不要等有条件了再去，只要想去，创造条件也要去。

水：我曾经一人一包，周游了欧亚大陆。只要出门，没有两三个月绝不回来。有些人总拿没钱当借口，我当时3个月只花了30万日元（不到2万人民币）。与其说是旅行，不如说是一种流浪，一种漂泊。足不出户的人，恐怕会失去很多乐趣。

山：我常常进行短途旅行。但其实长短途都没有关系，有没有想去的地方也都无所谓，我只是喜欢旅行本身。重要的是，说走就走，立刻动身。正是这种最原始的动力支撑了我的大半生命。

古：只要预算够，还可以到海外取景。我四处旅行的时候，心里总会记挂着这一点。

Class
Ticket type
Adult
Child
OUT
STD
ONE
NIL
9614#6121-35
Price
From
LONDON
To
STD ANYTIME DAY R
ONE
London Underground
London Underground
London Underground
3.60
Class
Ticket type
Class
Ticket type
STD CHEAP DAY RTN
Adult
Child
ONE
NIL
Date
From
To
Travelcard
AW26938
07DAY TRAVELCARI STD
Start date
21 JUN 02
Travelcard
Valid only when shown with photocard
Ticket type
07DAY TRAVELCARI
AW26938
Class
STD
Expiry date
27 JUN 02
Zones
»12«
Number
002 0575#66 880221JUN02 0941
Issue date
Price
£19.30
London Transport issued subject to conditions - see over

080 作品集

可以试着做一本，然后就会发现，原来自己没什么了不起。（平）

水：当有一天，你不需要作品集来介绍自己了，你就成为一名家喻户晓的设计师了。

山：自己要先想一想，你为什么需要作品集。大多数人都认为，作品集就是为了宣传自己，于是单纯罗列了一大串自己的作品。如果作品够棒的话，这么做也没什么不好。但其实，人和商品一样，都是需要营销的。如果你只是“希望对方能了解我”，主动权便拱手让到了对方手里。“我要让对方了解我”才能自主把握自己的命运。而且，说到底，对方是透过作品集来观察你这个人，所以尽可能不要让浏览作品占据了对方的全部精力。

デザインマガジン
ポートフォリオ
■パッケージ■グラフィック■
■プロダクト■イラスト■コンペ■CI■
1992—12
No.47
1992
AUG./SEP.
不快!!
サイクロン。
ダッサー
OSAKAのビッグ・クリエーターオフィス

081 独立，可不是说说那么简单

水： 我们来聊聊“独立”的话题吧！

古： 想当初我们那个时候花 20 万日元（约 1.2 万人民币）租一家小小的工作室就可以开张接单，然后慢慢地把事务所做大。但以后就越来越难了。因为平面设计的价钱实在是越来越便宜。以前，在客户眼里，“设计工作室”=“一家公司”，所以价格不会压得太低。但现在大家都觉得，只要有一台苹果电脑，在家都可以办公。

水： 设计费确实是缩了不少水，像是装订什么的。

古： 装订倒不是酬金降了，而是跟以前一模一样，完全不考虑物价涨了多少。

山： 对，正常情况下，设计费也应该跟着水涨船高才合理。

水： 我担心的是，30 年后，设计界的尼特族（指不升学、不就业、不进修或者不参加就业辅导的族群，源于英文“Not in Employment, Education or Training”的缩写）会不会越来越多。现在，很多设计师年纪轻轻就出来独立工作。当然，二十几岁的小年轻，社会负担还没那么重，每个月在家装订一本书，就能养活自己。但是等你四五十岁了，还会有人把工作交给“一个只会在家装订书本的大叔”吗？而且，20 几岁的时候，10 万日元（约 6 千元人民币）的工作也愿意接，二三十年后，10 万日元还能撑下去吗？

平： 我也有这个担心。我现在姑且拜托一些认识的客户，多分些工作给年轻的独立设计师们。

水： 但价钱肯定也不高，对不对？就拿我来说，一方面要买保险，另一方面还要存钱养老，月薪 30 万日元（约 1.8 万人民币）基本上是没法过日子的。因为先不说别的，每个月十万日元（约 6 千人民币）直接就扔在税金上面了。虽说每个月多接两三本书，就可以赚到四五十万日元（约两三万元人民币），但那样就是完全为了赚钱在工作了，人生还有什么意思？

YAMA
ZAKURA

082 要不要推销自己?

水：我刚独立出来创业的时候，给各家出版社投了不少稿。

平：请他们刊登在杂志上？

水：对。只要完成了新的作品，我就寄给他们。也确实起了作用。因为后来就有客户打来电话说，在某某杂志上看到了我的作品，想商谈合作事宜。

山：我也有过主动推销自己的经历。当时，我觉得 iPhone 的扬声器在功能上还有所欠缺，就自己设计了一个，拿到电机厂去展示。对方表示很满意，立刻就着手投入生产。

水：我当年的契机是运动型饮料。其实那天的主题和饮料毫无关系，只不过是开会期间有人问了一句，“有没有运动型饮料什么的？”回去之后我便设计了有关方案，在下次开会的时候进行了展示。没用两个小时，就得到了一致通过。

山：你这倒不是为了赚钱，完全是个人兴趣。

平：另一方面，摄影师和插画师也会向设计师推销自己。但如果不够具体的话，我们其实很难做出回应。

水：“有相关需要的话请随时联系我。”这种说法实在是太空泛了。

古：光拿着作品来，也没什么说服力。如果作品极为出类拔萃的话当然另当别论。但那种情况毕竟是少数。

平：如果他就是想凭这套作品来获得这一工作机会的话，倒还可以考虑一下。

水：没错。你比如说，对方带着一套在印度旅行时候拍的快照，来应聘某某岗位。可我们这项工作里面既不涉及印度，也不需要快照。像这种的推销就没有什么意义了。

083 工作间

山：此前，我一直很注重工作间内部装潢，但现在我转变策略了。重心由内部转向外部。换句话说，我现在更注重工作间的地理位置。不是离车站近不近，而是离自然环境近不近，周围安不安静。我的理想就是，在我喜欢的工作间里做我喜欢的工作。心情好了，作品一定会更好。

平：我所在的事务所，以前属于 UltRa Graphics。我当时忙着找房子，经 JAGDA（译者注：日本平面设计师协会）介绍，第一次见到了山田老师。他那时正好想搬到另一个地方去，我便连夜去看了房子，接了过来。所以现在的书架、桌子什么的，其实都是山田老师当初置办的。那是我独立之后第一次自己找工作间，还在想“用这些钱到底能不能找到房子？！”为了了解行情，也请教了不少人。但这种事情还是要看自己的心意，毕竟物美价廉的房子可遇而不可求。而且工作间并不是最重要的。你独立出来自己创业，觉得“我可能不行吧”，那你肯定不行；想着“我一定能行”，才会付出努力达成自己的梦想。另一方面，工作内容不同，所需环境也不同。如果是规模庞大且需严格保密的工作，那就首先要求房子的隔音效果要好，同时格局要妥当，不能说从门口路过就可以看清整个工作间。不过找房子这事儿，缘分和运气很重要。一定要把握时机。

古：我们的事务所是两家合用。总面积恰好是一家公司的两倍，但复印机、厕所这类的设施都是公用的，不用准备两套，所以空间就显得又大了一倍。这也算是我的一个小伎俩。

水：我们事务所里有很多可供休息的地方。但绝没有可以用来偷懒开小差的地方。另外，光照条件也要重视起来。

084 如何降低风险？

平： 在我们事务所，轻易不招人。人手不够的话就外包。

水： 是因为不想增加运营成本？

平： 也有这方面的因素。不过主要还是因为我目前没有扩大公司规模的打算。各岗位上都有负责人，而且所有人都对自己的本职工作非常熟悉，公司内部团结又不拥挤，这就够了。我可没有兴趣去培养新人。

古： 雇用新员工也的确是个不小的风险。

水： 我正好相反，我不乐意将工作外包。只有亲自监督，我才能放心。

平： 我也不会将设计工作外包的，只有制作工序才会外包。

水： 设计和制作有什么明显的分界线吗？

古： 就拿图书来说，如果格式一样的话，我就会找外部人员来接手文字浇注的工作。

平： 我一般会把文本复写、包装上的立体作画、对照样本把页码向中间调整 3 毫米这样的工作外包。

水： 总之，降低风险可以有多种方法，大家不妨互相借鉴一下。但要注意的是，

在担心眼前风险之前，一定要对未来有一个长远的规划！（水）

FRAGILE
HANDLE WITH CARE
FRAGILE
HANDLE WITH CARE
FRAGILE
HANDLE WITH CARE
FRAGIL
FRAGILE
取扱注意
FRAGIL
THIS END UP

085 整理！整理！整理！

找东西很麻烦，所以要随手整理。整理不是目的，只是一种手段。最终是为了省下找东西的时间，用在提高作品质量上。（水）

山： 需要什么立刻就能找到。工作会进行得非常顺利而且舒心。

古： 我不管在家还是在事务所都是邋里邋遢的。但我非常擅长整理手稿。

平： 过于整洁的话反倒会变得很不方便。如何把握“度”也是个难题。

Mulberry
QTY 25
86101
JG DUPLEX SMOOTH WHITE
96
TR
RUFF
04
TR
FILE
09377A

086 存档

我听说，如果你把过去的作品都抛在脑后的话，你就不得不着手新的作品，不断前进。（平）

水：我们事务所会把所有作品进行扫描，实行数字化管理。

山：不好好设计的人，自然不会好好对待自己的作品。

087 喜欢的工具·顺手的工具

裁纸刀，我只用 NT 的。

（平）

平：尺子也一定要用带网格的不锈钢尺子。以及 BONNY 的镊子，须用锉刀磨得尖尖的。此外还有 BIC 的黄色荧光笔、Sharpie 的油性马克笔（黑、红、蓝）、国誉的点状双面胶、各种荧光色便利贴、黑白胶带、GIOTTOS 的手榴弹型鼓风机、黑色的小刀垫、电子游标卡尺、PEAK 的放大镜、BOSE 的除噪声头戴式耳机、Leica 的 M8、黑色的即时文字胶片摩擦棒（就是用来摩擦胶片的工具，不清楚它的学名是什么）、iPhone 和 iPad；等等。

古：我对绘画器材没什么特殊要求。不过在准备摄影和平面设计的素材的时候，总会买好多不相干的东西，堆在事务所里显得怪怪的……

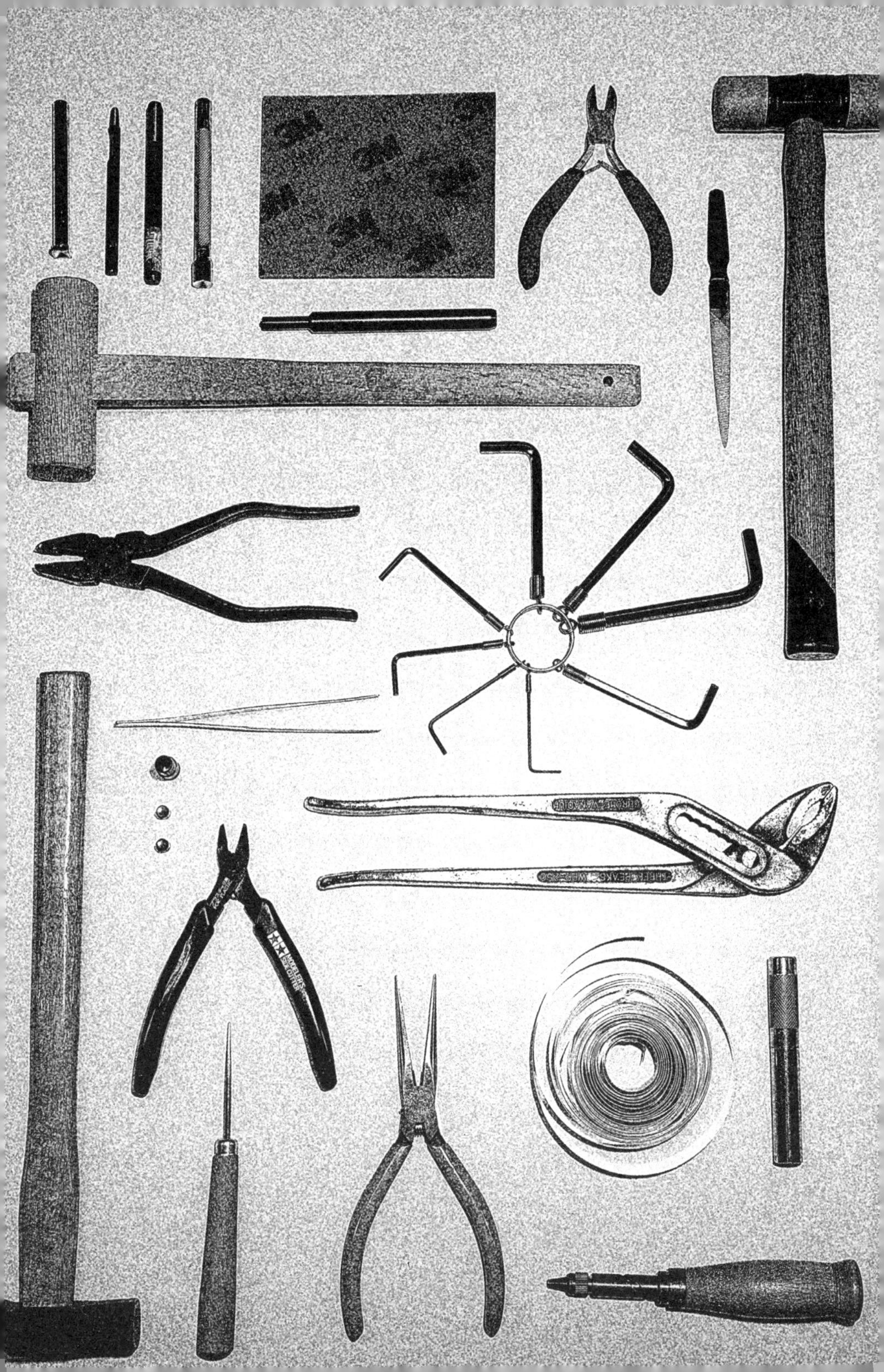

088 苹果电脑的使用方式

出了新软件，或者是Illustrator又更新了版本之后，设计的样式也会增多。但真正能干的人，总是能用更短的时间完成更多的作品。（山）

山：要先在脑子里形成一个想法，然后再用苹果电脑制作；否则只能停留在“半吊子”水平。

古：比较简单的工作，如给照片加上Logo和日期，或是只需要图形和较少的文字就能完成一幅海报等，我会规定自己只能花一个小时来用苹果电脑制作，剩下的时间都用来思考方案。

苹果电脑只是工具。（水）

089 阅读资料

要看真正的好作品，别做井底之蛙。（平）

平：不要光看年鉴或作品集之类的，而要把原版找来观摩一下。

古：好多人都嚷嚷着“我不怎么看设计方面的相关资料”，这怎么可能呢……我对海外的作品最为感兴趣，光是看看就觉得很有意思。而且不是看一遍两遍就抛在脑后了，而是反复多次拿出来看。不过最重要的，还是如何为己所用。如果只是照猫画虎的话，不免有抄袭之嫌。而且当你抱有特定的目的寻找资料的时候，也不要忽视那些看似不相干的资料。乍一看，可能八竿子都打不着，仔细一看，你就会发现：“这种颜色搭配不错哎，我说不定能用得上。”

水：换个思考方式，你会发现世间万物、一草一木都可以成为你的参考资料。善于查找资料的人，设计起来也会得心应手。如果我是个新来的设计师，我会首先摸清至少 10 位上司的审美偏好，备足资料，有求必应。

山：仅凭自己脑子里那点知识就来干设计的话，太对不起这门工作了。

TOM FORD
DAVID BAILEY
T-SHIRT
U2
THE COMPLETE COVERS
Banksy
ART AT THE
ANDY
ROCK ART
SOUND ART
GUESS WHO
SMOKED
CHIP
FUCK YOU HEROES
TIBOR
A2Z
Frost*
DAMIEN HIRST
postscript
Integral und
CLEAR in the FOG

090 翻开书，便打开了新的世界

水： 我每个月都会买 30 本书，当然不可能全部看完，总有一些书当时想着以后再读，结果就堆在角落里积灰尘。买的书多种多样，历史小说、名人传记、经济、哲学等都有。如果只是为了设计的话，那么只掌握设计和美术的相关知识也就没什么问题了。如果想以设计为武器开拓更宽广的领域的话，就需要更全面的知识和更灵活的价值观。读书还可以帮助你增加词汇量。毕竟有些事情你平时只能在脑子里想一想，可作者却替你用文字表达出来了，何乐而不为呢？而且你没必要非得去啃大部头，短篇小说也很好。设计这一行里，工作很忙，一不留神眼界就变窄了。多读书，读很多书，去接触各种各样的思想，各种各样的风景，你会发现，天地如此辽阔。

平： 读你想读的书，不想读的书就不要读。

サハラに死す
SAHARA La Fin de
上温湯隆の一生
par Takashi Kamionyu

091 电影看得越多越好？

山：预备会上，大家经常会举一些有名的场面为例进行说明。那些知名电影还是看一下为好。

水：如果看电影只是看电影的话，就没什么意思了。你可以多思考几个问题，比如这部电影有趣在哪里？或是这部电影为什么感人？等。但这样看电影又太累，所以我一般看两遍。

平：人们总觉得不多看电影的设计师不是好设计师。如果这样的话，那我可能是一个相当不合格的设计师了。我想看就看，没兴趣就不看。

我好想去好莱坞工作。（山）

HOLLY

092 聊聊音乐

自己喜欢的东西，就一定会倾注超出旁人的心血。这份付出，一定会在某时某处得到回报。（古）

水： 25 岁的时候，有人告诉我听音乐对设计有帮助。所以那一年我精听了大概 25 张 CD。说实话，我没觉得对我的设计有什么帮助，但我的确重新为披头士所折服。

古： 电影《SHINE A LIGHT》里面，吉斯·理查兹被问道："你觉得你和朗尼谁的吉他弹得好？"他答道："我们独奏都不怎么样，但我们的合奏无人能敌。"这句话放在设计界也同样适用。

093 搞收藏

平：旧英国国旗 / 胶带 / 全球黄页 / 各地的显像纸 / 军用化妆品 / 急救箱 / 绷带 / 便携咖啡盖 / 荧光纸 / 联合国周边商品 / 各地的垃圾袋 / 航班时刻表 /GEIGY 的包装和橱窗展示 / 火车和飞机上的危险物品管理说明 / “VICTOR”的马克杯 / 圣歌队的人偶 / 大手提包 / 军装裤 /FREEMASON 的玻璃杯 / 丝袜的包装袋 / 便携式刷牙套装 / 各地的橡胶手套 / 各地的购物小票 / 各公司的抬头纸 / 各银行的纸袋 / 邮局的发货单 / 超市的叫号牌 / 洗洁精的容器 / 各地的汽车罚单 / 水银镜片 /Dennison's 的旧目录 / 军用带铰链的小铁夹（参照 085 照片）/ 医用模型 / 嫌犯照片（参照 010 照片）/ 各公司的 CI 手册 / 以前的合影 / 防毒面具的使用手册。

我真的想对自己说，别瞎折腾了……

古：平林老师的“收藏”才叫真收藏。相比之下，我虽然也集了不少东西，却跟没有一个样，之后恐怕也达不到这样的收藏水平。我还是老老实实地做一个凡人吧。

水：收集各种各样的东西，渐渐地就知道自己到底喜欢什么了。

任何东西，都可以成为你的藏品、你的知识、你的武器。（山）

SOLO TRAVELER LID
CAUTION CONTENTS HOT
C-S
C DECAF
B
S
NO TL3-8 LID

094 做菜就像设计

做什么菜、用什么碗、该怎么摆放……（水）

山： 有什么吃什么，还要吃着好吃，看着好看，这也是需要一定功力的。

平： 和菜肴有关的表达方式，也经常会被用在日常会话当中。比如，“这个知识点我难以消化”“不知他们在酝酿什么阴谋”“他整个人都蔫掉了”等。

同样的饭菜，若器皿不同，或摆放方式不同，口感也会不一样。这和设计是一个道理。

古： 很多设计师为了赶工，吃饭可能就带盒便当或者叫个外卖。但我会尽可能地出去吃，去不一样的店，以前没去过的店里吃。哪怕没时间去看电影、没时间逛美术馆，吃的时间也一定不能省。找到一家新饭馆吃饭，有时候比逛美术馆还有意思。

Yukkejan
stew with

095 如何花钱

平：我花钱比别人多一倍，虽然我赚的并没有那么多。每当我看到一些人抠抠索索，算计来算计去的样子，就会觉得非常可悲。还有那些人前风光人后吝啬的人，一辈子只买些不好不坏的东西的人，买了别人推荐的所谓“好物”就无比满足的人等。举个例子，如果有一天，你看到了一盒法国黄油，包装设计非常漂亮，不用说，回家在网上搜一下，那种设计图要有多少有多少，下载下来就能成为自己的资料。但我除了那张图之外，还想知道里面的黄油是什么颜色的，有多重，是什么味道，以及卖得怎么样等。再举个例子，一些作品集会收录以往的优秀装订案例，但你只能看个表面，没办法知道实际的书本是用什么线装订的，更没法弄清衬页究竟占了多大分量。如果出于某种目的需要攒钱的话当然另当别论，如若不是，那么哪怕原书要价几十万日元（十万日元约为六千元人民币），我只要能买就一定会买下来。与其小心翼翼地捂着钱袋子，还不如这样痛痛快快地一掷千金。知识和经历是不一样的。那些图片、作品单凭扫一眼留个大致印象是不够的。喜欢的东西就买下来，让它真正成为自己的东西，那种感觉是不一样的。如果买不了太多，那就别再考虑那些不好不坏、可有可无的东西，只买一个自己最喜欢的、最贵的，然后好生对待。这样，“识货”的能力也会渐渐提高。你如果向造型师征求买东西的意见，他肯定会这么告诉你：“拿不准买哪个的话就把两个全都买下来。然后你就知道你更喜欢哪个了。”我虽然没什么积蓄，却买了很多好东西，同时也懂得了很多事情。用不用得上另说，我只是觉得这样的人生更潇洒。

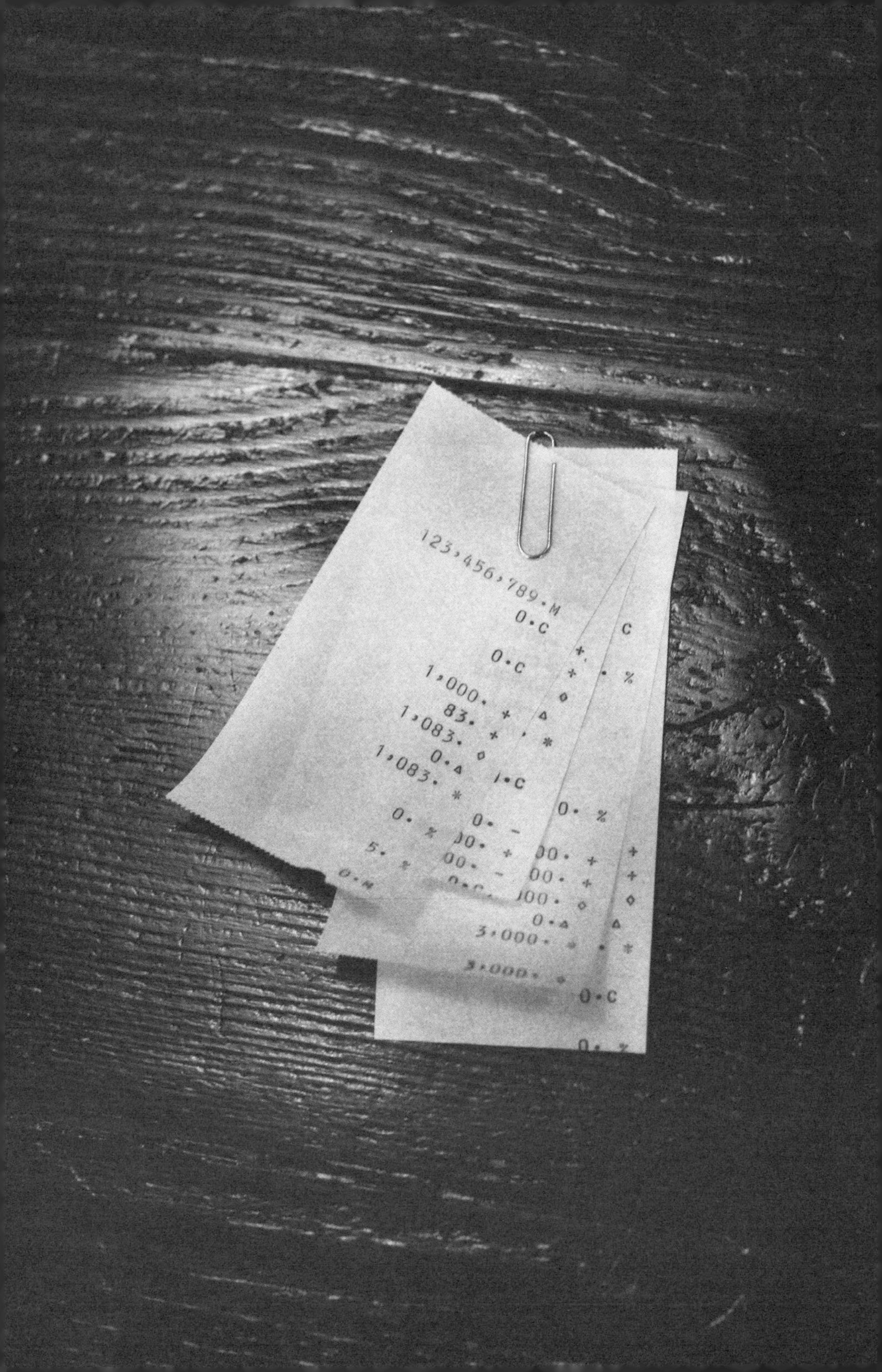
123,456,789.M
0.C
0.C
1,000. +
83. +
1,083. ◇
0.△
1,083. *
0. %
3,000. *
3,000. ◇
0.C
0. %

096 要不要多逛美术馆？

我以前一直都没把莫奈等人的画作当回事儿，觉得那是上了岁数的大爷大妈闲得无聊才去看的。直到有一天，我进到一家美术馆，看到了沐浴在自然光下的莫奈画作，竟一时恍惚。（平）

水：我一般先用两三秒钟一幅作品的速度快速浏览一圈，再结合作品说明慢慢观赏。当你养成用理性和感性两种眼光逛美术馆的习惯后，你也就能用两种态度审视自己的设计了。

山：看见感兴趣的作品就驻足细细观赏，不喜欢的就不要勉强自己了。因为你看也看不进去。

古：我最喜欢的美术馆是 Tower Records 和银座的山野乐器。你也可以试着找一找只属于自己的美术馆。

097 经济与设计

山： 如果你对经济学方面也有所了解的话，你就会明白，为什么会诞生“设计”这个行业，以及企业究竟期待着怎样的设计作品。

水： 技术进步会给经济带来活力。紧跟在技术之后的，便是设计。技术达到一定水平之后，经济会进入平稳发展时期。反过来讲，在经济稳定时期，企业不愿在设计方面投入大量资金。

但正是在设计似乎不受重视的经济稳定时期，更要未雨绸缪，不能掉以轻心。因为技术饱和状态下，便要依靠设计来拉动经济。

至少要了解一下日经平均指数之类的基础知识。

（水）

（译者注：日经平均指数，是由日本经济新闻社编制发布的反映日本东京证券交易所股票价格变动的股票价格平均指数。）

MELCOR 380
ON
OFF
D
C
CE
%
7
8
9
4
5
6
1
2
3
0

098 趁年轻

水：经常会被问到“年轻的时候应该干些什么好”，你们对这个问题怎么看？

山：年轻的时候心气最重要，可谓“心比天高”。

平：有些人叫嚣着自己绝不做无用工，万事求回报，不懂的事就直接张口问别人。其实很多事情，你多经历一些自然就明白了。多做点“没用”的事情，人生才会更加缤纷多彩。

水：所谓“无用工”，不过是没办法在工作中直接显现它的“用处”而已，肯定不会白白浪费的。

山：我特别讨厌“好不容易”这个说法。不要总是想着“我好不容易画的图”“我好不容易拍的照片”。画这张图之前，你就应该抱有不合适就重画的觉悟。当然了，如果是鸿篇巨制的作品，肯定不能说重来就重来。

水：鸿篇巨制的作品也不是一蹴而就的，需要在工作过程中不断调整，不断择取最优项。

山：哪怕是花了两三天的时间画出来的图，也要说扔就扔，不能一步三回头。现在想想，我年轻的时候干的净是“没用”的事情。总是想着突破前人，干点惊天动地的事情，整天忙着摸索自己的风格，寻找新的素材。

水：但这正是要趁年轻才能做的事啊。

古：从某种意义上来说是必须要做的事。如果大家都老老实实遵循传统，模仿前人的话，就没有发展可言了。

水：我年轻的时候，不喜欢趴在办公桌上苦思冥想。反正也想不出来，还不如去东急 Hands 店里逛逛。旅行也是个不错的选择。

099 与自己对话·与他人对话

水：工作，就是对自己的挑战，就是与自己的战斗。受点儿挫折，就觉得撑不下去了，这哪儿行呢？就算你找人倒苦水，得到的也只是“真辛苦啊，不要太勉强自己了”这样不温不火的安慰。

古：工作上拿不准的事情，可以去找摄影师、客户、插画师等人商量。大家都是为了把工作做得更好，所以不用在意合不合适，想问就去问。我特别喜欢找日常工作中不怎么碰得上的人聊天，比如印刷或者施工现场的工作人员、编辑室的音频制作师等。

山：你没必要一个人战斗。找人聊一聊，视野会一下子开阔起来。

平：我从不找人聊工作上的苦恼。我讨厌别人丝毫不了解情况，却还轻轻松松地说着“好好干”“加油哦”。

100 人际交往

人际交往就像滚雪球，小不要紧，总会越变越大的。（山）

水：待在小圈子里不动弹，是没法学到新东西的。

平：在苦恼人际交往之前，先审视一下自己。

古：人际交往的窍门，就是与人交往的时候别想着找什么窍门。

101 瓶颈期

山：我在从事设计工作三四年后遇到了瓶颈期。也不是说设计不出来，而是不知道自己究竟适不适合这一行。当时就随便找些工作打发自己，颇有惶惶不可终日的感觉。不管干什么都提不起干劲儿，不管做什么都做不好。让我觉得不可思议的是，我们公司的员工也是在第三四年左右陷入了瓶颈期，常常没缘由地发呆。可能是因为在这个阶段，设计师终于对设计工作有了一定的了解，也终于知道了自己的水平和极限。

古：那你是怎么摆脱那段瓶颈期的?

山：等。没有别的方法。时间是最好的解药。

古：我觉得我每时每刻都处于瓶颈期之中。

水：我也是，总觉得力不从心。

平：我没有考虑过这种事情，我很少进行自我剖析之类的。

古：我也不怎么做这类的分析。我只是对自己的现状不满意。所以在被问到“你有瓶颈期吗？”的时候，就会回答，“我一直都处在瓶颈期”。

平：工作太累、太忙的时候，我就先让自己静下心来，一个一个完成。一股脑地都堆在自己面前的话，容易手忙脚乱。哪怕没什么时间，我也要挤出时间来进行梳理。

山：瓶颈期，其实就是自己的实力跟不上自己的野心。

水：总是一厢情愿地认为自己能够做得更好，就容易出现瓶颈期。因为理想的自己与现实的自己无法吻合。只要意识到“这根本不是什么瓶颈期，不过是自己水平不够罢了”，就自然而然地走出瓶颈期了。

平：所以我才感觉不到瓶颈期吧!

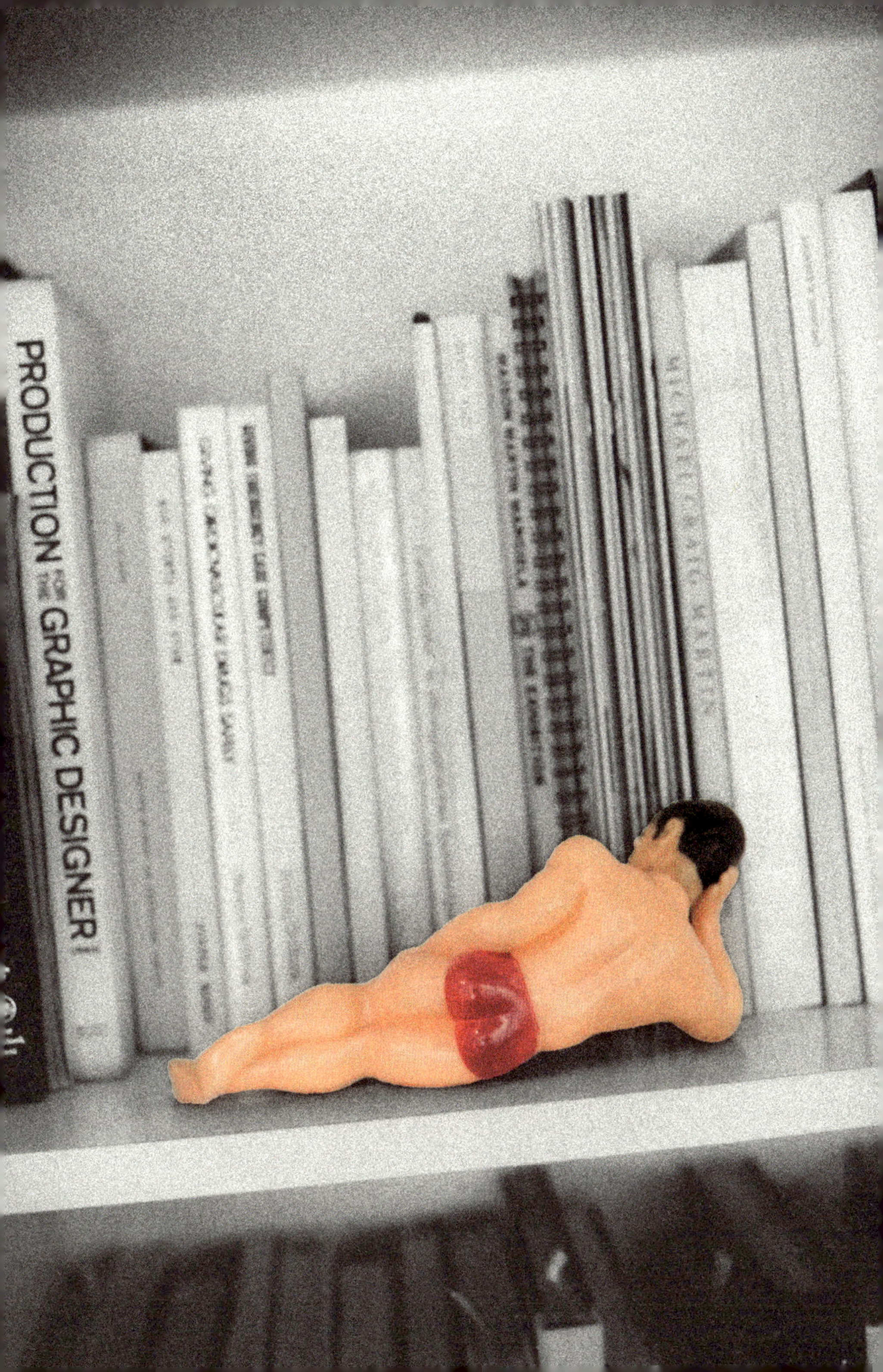

PRODUCTION FOR THE GRAPHIC DESIGNER

102 撂挑子不干

只要是拿钱的活儿，就绝不能挑三拣四，更不能撂挑子不干！既然接下了，那就死也要完成。

（古）

古： 这是考虑到我们这本书主要是写给年轻人看的……

水： 只要没有太特殊的情况，就要坚持到底。

山： 半路甩手，不是件小事。要知道，这件事不仅仅关系到你个人，同时也关系到客户和双方责任人。

平： 如果你觉得对方把你当傻瓜使唤，那就没必要再奉陪下去了。

TR
RUFF
U.N.
UN

103 失败了该怎么办

亡羊补牢，为时不晚。（平）

水：先别顾着哭，先想怎么解决。挨了批评之后就一蹶不振，是最愚蠢的做法。把羞耻心和虚荣心全都丢掉吧，这些东西对你没有任何好处。你只需拾起设计师的骄傲和自豪，迎接挑战。

古：我觉得最恐怖的一点就是，你用鼠标点一下“发送”按钮，印刷厂的工作人员就会根据收到的文件印出成千上万的成品。一旦出错，可不是一句“对不起”就能完事的。医生的手术刀，稍有差池便是生死大事。我们设计师也要具备这种谨慎和严肃的态度。

山：好了，我们可以谈下一话题了。

104 效仿前人

我想向他/她（们）靠拢！只要有这个动力就好了，不需要以此为奋斗目标。因为每个人都是独一无二的。

（山）

古：要说效仿前人的例子，首推披头士，披头士之后是绿洲乐队，绿洲乐队之后是……列举起来就没个尽头了。但要注意的是，两相对比的时候，绝不能被别人说“太像了”。否则自己的风格何在。

水：与其效仿别人，我更想被别人效仿。

105 一技之长

水：美术大学入学考试的时候，有一个学生不管遇到什么题，都以披头士为素材去设计。这倒也是个方法。

山：他肯定对披头士有独到的理解吧！

古：所以说，有一技之长，就要善于去发挥。我和平林老师经常被叫去做一些文字或者印刷品的特辑，可能是因为他们觉得我们比较擅长排版印刷吧。但其实我自己完全不这么认为。刚进秋田宽事务所的时候，我甚至在想，排版印刷好复杂啊，我可揽不了这种细致活儿。但那毕竟是自己的工作，不擅长也得把它变成擅长。

水：我的特长体现在竞技场上，给运动员们加油的时候肯定就数我的嗓门儿亮（笑）。但这肯定不是一码事。我一直觉得，与其挖空心思去想自己的个性到底是什么，以及如何保持自己的个性，还不如腾出时间来多学两门手艺，把它变成自己的特长。

平：我最擅长吵架……

水：可到底怎样才能培养自己的特长呢？应该不是靠天赋吧！

山：群众的眼光是雪亮的，周围人会告诉你你的特长是什么。

水：然后只要坚持不懈，勤加练习就可以了？

山：要形成一技之长，肯定不能靠一日之功。

水：对什么都感兴趣，却全都浅尝辄止，也难有大作为吧！

山：自己觉得很自豪的特长，在别人眼里可能不值一提。但不要放弃那份自豪，总会派上用场的。

106 要不要标新立异？

水：现在业内有一股风潮，认为有新意的东西才是好的，谁都没见过的东西才是好的。但真的是这样吗？谁都没见过的东西，可能在设计师眼里会非常有意思，但在消费者看来，可能一派云里雾里。

古：我的目标是，设计出一件商品，让消费者觉得“正合我的口味”。我觉得这才是设计者的追求。

山：把所有精力都放在“求新”“求异”上，这个出发点已经偏了。只有新的东西才是好的，就意味着对以前作品的全盘否定，无形中给自己增加了极大的压力。而且，每一位设计师都有自己的风格，肯定会有一些共同的特征贯穿所有作品，那是设计师的“生命线”。“生命线”消失了，设计师也就不再是设计师了。

平：这个话题出现在这里，本身就很奇怪。什么时候判断一件作品好不好的标准变成了看它新不新？

107-K 古平正义的“设计学院”（107-K）

Born in the U.S.A/Bruce Springsteen：这是我人生中的第一张唱片，当时我还在读初中。照片是安妮·莱博维兹拍的，她的名字被写在封面背面，前面还冠有“艺术指导”的字样。那时的我完全不知道这是什么意思，没想到后来我也拥有了这一头衔。

Out of the Sixties/ Dennis Hopper：这本书我翻过不知多少遍了。沃霍尔、保罗·纽曼、詹姆斯·布朗、马丁·路德·金等人都是出色的模特，但照片本身，也具有很高的艺术价值。

Independent British Graphic Design since the Sixties：这本书我也已经快翻烂了。这5年内出版的设计类书籍当中，我最喜欢的就是这本书。

Rolling Stone：我非常崇拜 Fred Woodward 经手的设计作品。而且这份杂志有一个很特别的地方：它的封面分为两个版本，分别是米克和基思。

Parco/ 井上嗣也：企划、艺术指导、摄影、印刷、设计、排版……全有涉及。如果平面设计可以让人永葆青春的话就好了。

JACK NANIELS/ 细谷严：同上。我小跑着去买了《FM：Maria Muldaur》的唱片，顺便买了一瓶波旁威士忌，虽然我并不会喝。

电影《Street of Fire》：负责本书拍摄工作的薄井老师，以及我自己，都非常喜欢这部电影。高级轿车、雨中亲吻、夜晚霓虹、摇滚明星、机车兜风……不管是十几岁的时候还是现在，都为之心动。

BORN TO RUN/ Bruce Springteen

这张专辑充分显示了修剪的妙处。现在有很多设计作品都采用一张照片或图画连跨几页的做法，无疑是受到了它的影响。

电影《The Shining》的片头：“俯拍连山间飞驰的汽车”。说出来可能觉得没什么，但这段拍摄的完成度真的“爆表”。

滚石乐队的红舌头设计：毋须赘言。

107-H 平林奈绪美的“设计学院”

Akzidenz Grotesk：永恒的主题。

WAR/U2：现在想想，当年正是看到了这个，才萌生了做一名设计师的愿望。

GEIGY/Fred Troller：这才是 Swiss Style。《Champion of Bold Graphic Style》

1972 Munich Olympics/ Otl Aicher：作图精细，每一个细节都经过了谨慎的计算。直线或圆、水平或垂直抑或是 45 度角，都令人赏心悦目。色彩搭配也让人觉得非常舒服。

World Geographic Atlas/ Herbert Bayer：照片上这本书，便是我自己的藏书。20 年前一见倾心，后来终于收入囊中。

Flyer/Maison Martin Margiela：这种独特的着眼点真是让我嫉妒。

C-17 Globemaster Ⅲ：和普通客机不同，它的机翼为悬臂式上单翼。我不喜欢这个设计，总觉得结实程度会因此而下降。

Graphic Desigh in Swiss Industry/Hans Neuburg, Walter Bangerter：非常漂亮的作品，文本组合甚为巧妙，我经常拿来参考。

Comme des Garcons/ 井上嗣也：很厉害的设计。简直难以找到合适的语言来形容。

UNITED NATIONS：虽然我也算不上多权威，但我一直认为，不好看的作品，根本称不上是设计作品。

107-G 古平正义的“设计学院”（107-K）

Born in the U.S.A./Bruce Springsteen
(Sony · Music Japan International)

《Rolling Stone》Issue 1105 ※

Parco《ROCK'N'ROLL/Chuck Berry》海报 B 全 1981 年
注：AD・D：井上嗣也　P：浅井慎平　C：下村纪夫　PL：对马寿雄　ADV：Parco　※ 为作者个人作品

107-P 平林奈绪美的“设计学院”（107-H）

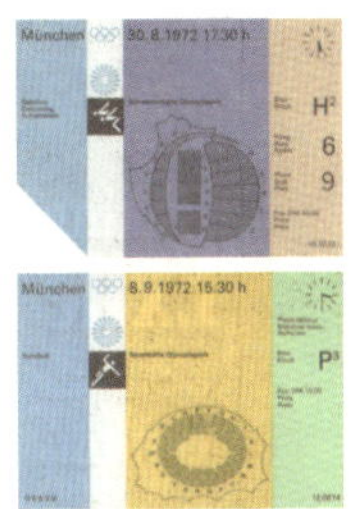

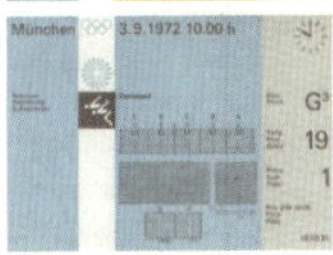

1972 Munich Olympics/Otl Aicher
（协作：外文书 Pacnet 代官山）

C-17 Globemaster III

Flyer/Maison Martin Margiela

Akzidenz Grotesk

Comme des Garcons
公司广告 杂志广告 · 海报 B 倍
1988 年
AD · D：井上嗣也
P：Jim Britt
ADV：Comme des Garcons

Graphic Design in Swiss Industry
Hans Neuburg,
Walter Bangerter ※

WAR / U2
（协作：Grandfather's）

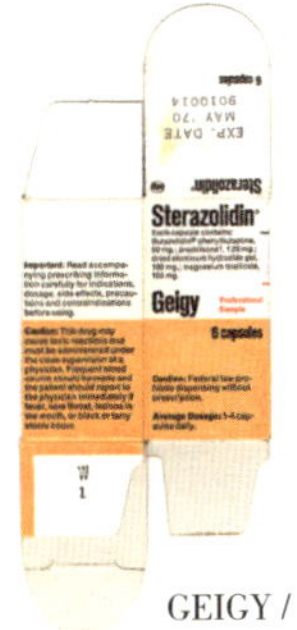

GEIGY /
Fred Troller ※

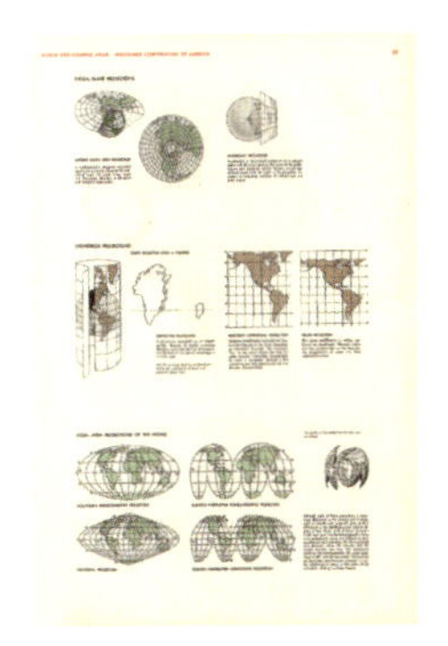

World Geographic Atlas
Herbert Bayer ※

UNITED NATIONS
（布隆迪）布班扎的蓝色头盔
2004 年 10 月 20 日
布班扎，布隆迪
Photo #52915
UN Photo / Martine Perret

107-S 水野学的“设计学院”（107-M）

文森特·梵·高：为了迎接高更来阿尔，梵·高为他准备了满屋的向日葵。

保罗·塞尚：为绘画带来划时代的变革，被称为“近现代绘画之父”。

福田平八郎：第一次见到《雨》，我仿佛醍醐灌顶。原来对事物的抓取能力如此重要。

阿尔佩托·贾科梅蒂：“艺术对象要溜掉了”这句话，我一直记得。

玛格达莲娜·阿坝卡诺维奇：从 Sezon 现代美术馆出来的那一刻，我依然难以抚平自己的心绪，手中的杯子几欲坠地。

路易·康：他的作品我几乎全都喜欢。建筑设计自不必说，内部装潢也出类拔萃。这么有天分的建筑师已经不多见了。

密斯·凡·德·罗：“简约，而不简单。”大道至简的艺术。

安塞尔·亚当斯：战争期间能够拍出这样的照片，实在是有胆有识。

宫田识：我的老师。我最为尊敬的艺术指导。

大贯卓也：我心中的老师。百年一遇的才华设计师。

有很多名人名家都值得尊敬和学习。篇幅有限，我在此仅选取了其中几位。

107-S 山田英二的“设计学院”（107-Y）

TOYOTA 2000GT：那个时候的我，眼里没有法拉利，没有兰博基尼，只有日本的超级跑车。

人造人 Hakaider：Hakaider 是 Kikaider 系列作品中的反派角色。名字、面孔、造型，都让人难以忘怀。

E・YAZAWA 的 Logo：这是我第一次用设计的眼光去关注并喜欢上的 Logo 作品。我当时对矢沢永吉还不甚熟悉，却牢牢记住了这个图案。这一 Logo 现在仍被使用，经久不衰。

LUCKY STRIKE 的包装：这是我 20 多年很爱抽的一个牌子。从裤兜里掏出来甩在桌子上，或是拿在手里捏来捏去，总觉得自己很帅。

Lee Ufan（李禹焕）：他的作品给人一种紧张感，让人觉得所有的声音都无影无踪，不知去向。“艺术形态要靠空间来表现；空间就是艺术。”

POPLAR：这种字体到处都充斥着不平衡。若你能够驾驭这匹野马，它自能带你日行千里。但却不是常人能胜任之事。

电影《沉默的羔羊》片头和片尾：它的片头和片尾我已经揣摩了很多遍。它让我第一次认识到，好看的页面不一定要靠好看的字体来堆砌。

TRUE STORIES / TALKING HEADS：我有很多张喜欢的专辑封面，但最喜欢的还是这一张。当然，部分原因在于我超爱 TALKING HEADS，对大卫・拜恩的音乐毫无招架之力。

BSA GOLDSTAR DBD34：BSA 是英国所产名牌摩托车。我骑的是哈雷，BSA 给人的感觉与哈雷完全相反。BSA 更像是一件艺术品，让你想开一瓶酒，站在窗前，静静地观赏它。

PANERAI LUMINOR 1950：设计简约，表盘相当大，让你不得不承认：“手表嘛，不就是为了看时间？”

107-S 水野学的“设计学院”（107-M）

《苹果和橘子》保罗·塞尚 1895—1900 年（奥赛美术馆藏品）

Laforet Grand Bazar
1990 年
AD：大贯卓也
SCD：宫崎晋
C：冈田直也
D：内田邦隆 + 内山章
P：白鸟真太郎
I：杖村 さえ子
美术：小林康秀

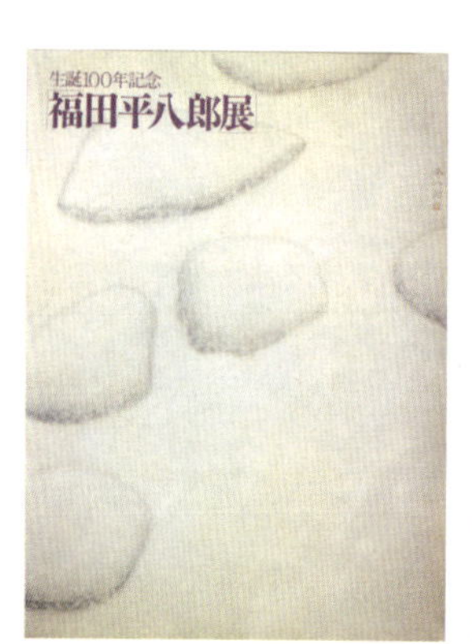

福田平八郎
“福田平八郎展” 诞辰 100 周年纪念展览
朝日新闻社 ※

※ 为作者个人物品

107-S 山田英二的“设计学院”（107-Y）

TRUE STORIES / TALKING HEADS

BSA GoldStar DBD34

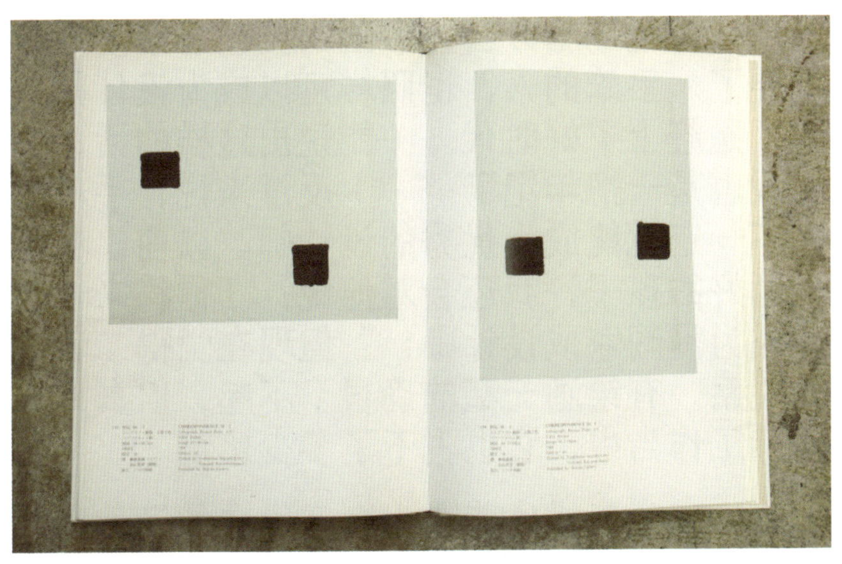

Lee Ufan 李禹焕《李禹焕全版画 1970 – 1998》中央公论美术出版 ※

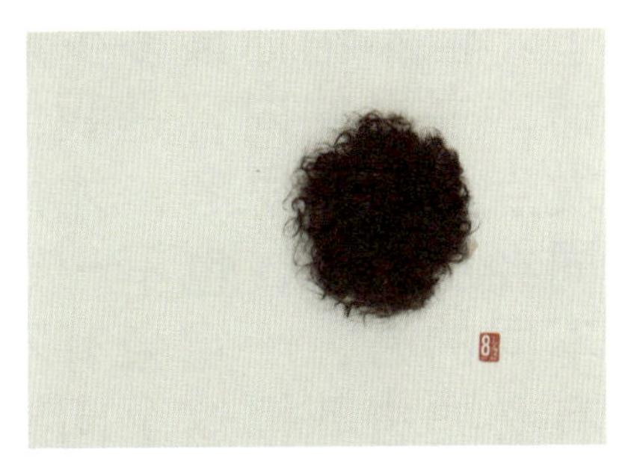

我在李禹焕的影响下创作的海报设计（2003 年） AD・D：山田英二 P：泷本干也 CL：8 1/2

108-S 山田英二的心里话（108-Y）

二十几岁的时候，总被人说“你这么大块头，居然还能做设计。”这时我会认真地回敬一句：“我虽然大块头，却总被夸手法细腻。”（笑）那个时候，人们都认为只有心细手巧的人才能做设计，“大块头”似乎和“心细手巧”沾不上边。做设计这一行，手巧当然不是什么坏事。但现在都是电脑办公，手上的技艺已经没那么重要了。手笨的人，也照样可以成为设计师。我真是赶上了好时代。（能说出这样的话，说明我也是一把年纪了……）反过来说，手巧的人不一定就能成为优秀的设计师。以前，看到画画好的孩子，我还会对他说：“你将来一定能成为漫画家或设计师！”但现在觉得二者毫无关系。有绘画天赋的确很了不起，但真到了实际工作当中，它也占不了多少比重。

那么，究竟怎样才能成为一名优秀的设计师？关于这个问题，这本书里面已经讲得很详细了。但不论你读多少遍，都很难把握其中的真谛。书里的内容是我们四个人以亲身经历为出发点，深入思考，才得出的结论。即使有过相同经历的人，也不一定能百分之百领会。因为不同的人，一定会有不同的感悟。所以说，没有必要去死抠这个问题的答案，而且设计领域里本身就没有正确答案。答案不重要，得出答案的过程才是重头戏。基于此，我最想劝诫大家的是：“与其抱着书本死记硬背，不如投身设计真枪实弹。”在一个项目中，真正用来设计的时间其实没有多少。谈单的时候多听多问、理解工作内容、明确工作目的、梳理工作思路，这些步骤大概要占去你 80% 的时间和精力。完成这些步骤之后，设计方案也就自然而然地出炉了。完成这 80%，便解决了大部分的难题。剩下的 20% 只要添加一些个人风格、集中精力处理一下收尾工作就可以了。设计中的每一个步骤，都有它的理由，都有它的目的。当然，有时也会出现“不知道为什么，但就是好作品”的情况。不过，这是在将那 80% 的步骤完成得炉火纯青之后才能追求的境界。

总之，只有在亲身经历并认真思考之后，才能真正掌握这些知识。时光无情，贵在行动。

108-S

水野学的心里话（108-M）

关于设计，随便拿出一个课题就可以说上三天三夜。这本书只是抛砖引玉，剩下的还要靠大家自己去发掘。

我想重申的只有三句话：

别轻易放弃。

心气最重要。

享受设计。

108-G

古平正义的心里话（108-K）

不喜欢的事情，很难让人全身心地去投入。但即使有些人“忘我地喜欢设计”，他们也不可能对每一份设计工作都投入全部精力吧。

如果到手的都是好差事，当然乐不得地去做。可刚入行的时候，接到的恐怕都是烫手山芋：内容枯燥、时间紧、预算少、要求多……不过话说回来，工作就是这个样子的。我们每个人都是这样一步一步走过来的。在这种情况下，哪怕是“忘我地喜欢设计”的人，恐怕也不会觉得是在做自己喜欢的事情吧。那么，设计师为什么还能保持对设计的热情呢？我想，这绝不是单纯地出于“喜欢”。说到底，不管在哪个舞台上，平面设计都难以成为主角。它不过是商家出于某种目的才使用的二次元手段。说得直白一点，平面设计就是个空壳子。明白了这一点，把千辛万苦做出来的方案废掉重来也就没那么心疼了吧。

设计只凭“喜欢”是撑不下去的。还是给自己找点别的爱好吧。

108-P 平林奈绪美的心里话（108-H）

别轻言放弃。

别想着偷懒。

多练手，

少抱怨。

再想想，

自己还能不能做得更好。

古平正义

1970年生于大阪。曾加入 Akita・Design・Kan 事务所，后成立了 FLAME 有限公司。主要工作经历有：为“La Foret 原宿・30周年”和“LAFORET GRAND BAZAR”设计广告・CM；为“ART FAIR 东京”设计 Logo・海报；在“竹尾 PAPER SHOW 2007/2008”中任综合指导并编辑出版《PAPER SHOW》一书；为滚石乐队、约翰・列侬设计官方T恤等。曾获 JAGDA 新人奖、东京 ADC 奖、The One Show Silver、D&AD Silver 等奖项。

The Rolling Stones official T-Shirt CL:BUDYZ 股份有限公司

平林奈绪美

生于东京。1992年进入资生堂宣传部。2002年被派往伦敦的Made Thought设计室，一年后回国。2005年开始作为自由职业者从事艺术指导和平面设计等工作。主要工作经历有：担任（丸内）HOUSE的美术设计、为FSP设计包装和广告、为NTT DOCOMO和HOPE设计封面、为DREAMS COME TRUE设计CD封面等。曾获得JAGDA新人奖、ADC奖、NY ADC Gold、Brithsha D&AD silver等多种奖项。

1. GENDERLESS CLOTHING by ARTS & SCIENCE CL：ARTS & SCIENCE
2. journal standard luxe Season Book CL：BAYCREWS股份有限公司
3. GRAPHIC DESIGH IN JAPAN 2006 CL：日本平面设计协会
4. MAR Catalog CL：MAR ENTERPRISE股份有限公司
5. beautiful people邀请函 CL：ENTERAINMENT股份有限公司
6. HOPE SUPER LIGHT包装 CL：日本香烟产业股份有限公司
7. Christian Boltanski Les Archive duCoeur LOGO设计 CL：财团法人直岛福武美术馆财团
8. journal standard luxe Season Book CL：BAYCREWS股份有限公司
9. （丸内）HOUSE标识 CL：三菱地所股份有限公司
10. dynabook REALFLEET MODEL美术设计 CL：REAL・FLEET股份有限公司
11. NTT DOCOMO包装设计 CL：NTT DOCOMO股份有限公司
12. DO YOU DREAMS COME TURE？海报 CL：UNIVERSAL MUSIC有限责任公司
13. New Girly Graphics书籍设计 CL：PIE股份有限公司

Naomi Hirabayashi 平林奈绪美

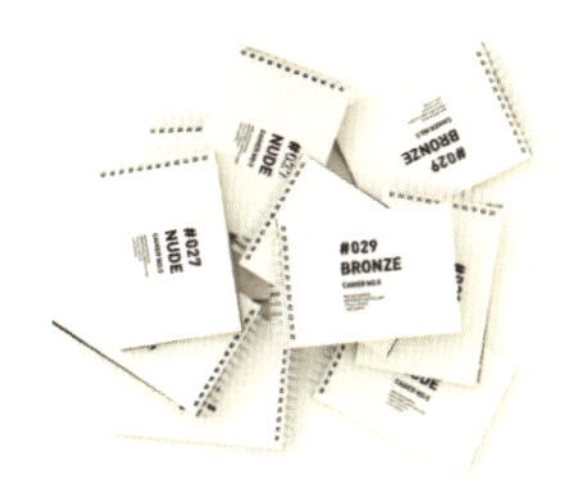

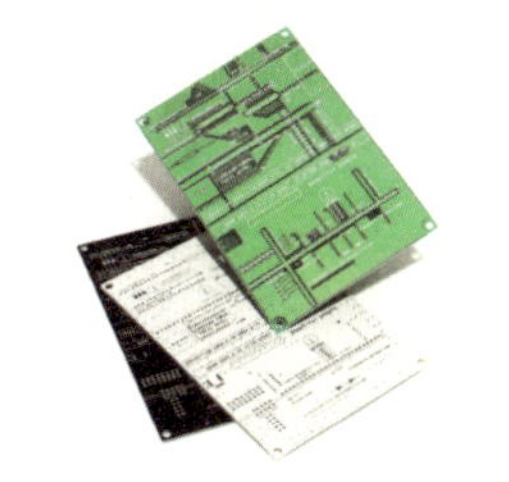

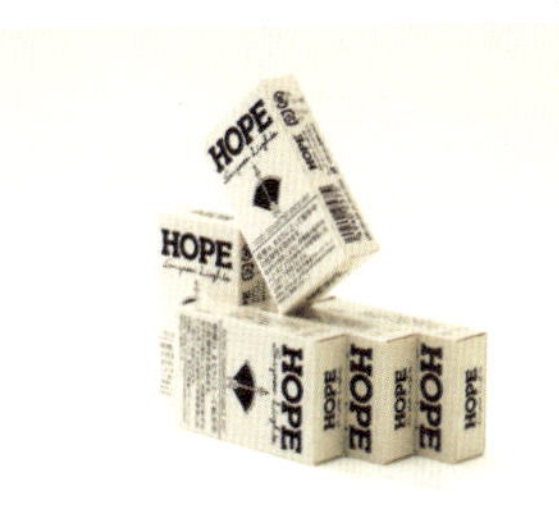

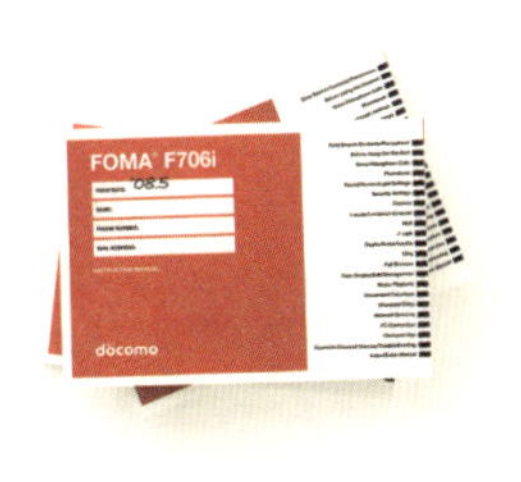

Naomi Hirabayashi 平林奈绪

水野学

1972年生于东京，从多摩美术大学美术系设计科毕业后，进入Pable Production工作。在DRAFT就职一段时间之后，于1999年1月成立了good design company。主要工作经历有：NTT Docomo“ID”“农林水产省”CI、“多摩美术大学”“东京Mid Town”、UNIQLO “UT” “adidas” “J–wave”、国立新美术馆“梵·高展”“RAHMENS”、ANA“travel Smap”、旅店“KAMEYA”改造、麻老铺“中川政七商店”招牌设计等。曾获The One Show Gold、CLIO Awards Bronze、NY ADC Bronze、London International Award银奖、A&AD Sliver、JAGDA新人奖等多种奖项。

1. 多摩美术大学 校园开放日 2010 CL：多摩美术大学
2. DIALOG IN THE DARK CL：DIALOG · IN · THE · DARK · JAPAN
3. 梵·高展 CL：国立新美术馆
4. 夏季Campaign“MIDTOWN SUMMER” 2010 CL：东京MIDTOWN
5. 春季Campaign“MIDTOWN SUMMER” 2010 CL：东京MIDTOWN
6. NTT Docomo ID CL：NTT DOCOMO
7. TOKYO SMART DRIVER CAMPAIGN CL：首都高速公路
8. 勒·柯布西耶展 CL：森美术馆
9. i LUMINE CL：LUMINE
10. LIVE POTSUNEN 2010 "SPOT" CL：TWINKLE CORPORATION
11. adias originals japan model campaign CL：adidas
12. adias originals shopping bag CL：adidas
13. RAHMENS第17次公演“TOWER” CL：TWINKLE CORPORATION
14. K.K.P.#5 “TAKEOFF~LIGHT三兄弟~” CL：TWINKLE CORPORATION
15. 《夕子的近道》文库 CL：讲谈社
16. 清龙人“WORLD” CL：EMI MUSIC JAPAN股份有限公司
17. 菊地成孔“花与水” CL：EAST WORKS ENTERTAINMENT股份有限公司

山田英二

1965 年生于福冈县筑丰市。1998 年成立 Ultra Graphics。主要工作内容有：广告设计、CM 艺术指导、品牌设计、店铺改造、排版印刷、编辑设计、影视设计、舞台指导、平面设计等。2010 年 8 月以网页为中心成立了 LOGET 股份有限公司，同时开始运营将日历趣味化的“LOGET”网站（www.loget.net）。曾获法国尚蒙国际海报节准最高奖、JAGDA 新人奖、NY ADC Silver、NY TDC 奖、东京 TDC 一般银奖、会员金奖、会员铜奖、JR 东日本海报头等奖（铜奖）、YoungGuns 国际广告银奖，富山国际海报三年展铜奖等多种奖项。曾受邀参加“Work From Toyko”(布鲁诺平面设计国际双年展)、“东亚细亚 · 文字艺术 · 现代”（首尔）、“Seoul Typojanchi”（首尔）、Takeo Paper Show（2002，2003，2006）等展览会。

TAMA
ARTU
NIVE
RSIT
Y.

それでは、
よい春を。

Manabu Muzino 水野 学

Eiji Yamada 山田英二

后记

从今年五月到八月，我们共举办了6次“新一代设计学院”活动，全方位公开了古平正义、平林奈绪美、水野学、山田英二所著《平面设计学院》一书的制作现场。2006年9月，《设计学院》（诚文堂新光社刊）一书出版发售，引起强烈反响。它不仅为设计专业的学生和年轻的设计师所喜爱，还吸引了非专业人士的关注。《设计学院》主要讨论了要进入设计领域所必需的思想准备。与此相对，本书更侧重于实际工作中的处理方法，即“实战篇”。在今年的活动当中，我们将《平面设计学院》一书从企划到编辑、再到设计和印刷等一系列的制作流程进行了公开。学员们不仅在一旁观摩，还主动参与到制作过程当中，通过实际制作一本书，来切实体会其中的技巧。活动的举办非常成功，并获得了一致好评。

请允许我再次向古平正义、平林奈绪美、水野学、山田英二四位老师，以及各位学员，表达由衷的感谢。

BUTTERFLY STROKE股份有限公司

青木克宪

@btf

“平面设计学院 制作现场公开！”

参课学员

青谷ゆうき	高桥桂子
秋山洋	田仲晶子
伊藤健司	京津雄三
井上真人	津留宜子
岩田祥子	中田嘉生
大桥谦让	长津朝子
国田惠里	梨本惠理子
河野洋辅	西村一人
小关佑美	新田祥子
小林正人	根子明里
古前纯	野崎いづみ
斋藤佳奈绘	萩原幸也
三枝优子	古川盛一
佐藤开	南幅康哉
佐藤喻美	三村友香
筱崎岳彦	毛利伦子
嶋儿未绪	诸冈千缓
嶋儿未来	八木秀人
嶋田浩太	矢代さゆみ
白鸟阳子	八幡清信
末永将人	山口明
杉村武则	吉田百合香
杉山聪志	吉野学
铃木元	我妻由识
祖田雅弘	和田直也

想在设计界脱颖而出？→
→千万不要错过这本书！
四位设计名家执笔的“新一代设计教科书”第一弹！不仅展示了四位老师的设计大作，更记录了四人的所言所感。告诉你“设计是什么”“怎样去设计”。

《设计学院 SCHOOL OF DESIGN》
古平正义 / 平林奈绪美 / 水野学 / 山田英二

SCHOOL OF DESIGN

MASAYOSHI KODAIRA　NAOMI HIRABAYASHI　MANABU MIZUNO　EIJI YAMADA

反侵权盗版声明